日本全国 地魚定食紀行

ひとり密かに
焼きアナゴ、
キンメの煮付け、
サクラエビのかき揚げ…

うぬまいちろう

徳間書店

宗谷岬

日本最北端の宗谷岬『魚常 明田商店』で食した名物『ぶっかけ丼』。マグロにサーモン、カレイにイカにタコにホタテなど、北のおサカナがこれだけ盛られて、お味もコスパも最高！

羅臼

道の駅『知床・らうす』の２階、『羅臼の海味 知床食堂』でいただいた『黒ハモ丼』。身からしたたる脂はとにかく味が濃く、噛むほどにうまい！　整然と並ぶ骨きり包丁の跡がこれまた美しい。

青森

黒いダイヤと呼ばれる青森産天然クロマグロの『マグロの中落ち丼』。青森駅近くの市場『アウガ』の『丸青食堂』にて食したが、これがねっとりとしつつ強い甘みがあって最高だった！

男鹿駅近くの『レストラン園』で、日本屈指の魚醤、しょっつるで味付けされた『男鹿の焼きそば』をいただく(右)。入道崎『みさき会館』の甘いタレがかかった『特製うに丼』も秀逸(左)。

男鹿

酒田

酒田港近く『兵六玉』でタラの白子『ダダミ』を食す(右)。『鈴政』にて幻の貝『ニジバイガイの握り』もいただいた(左)。

佐渡島

佐渡島『海府荘』の『サザエの壺焼き』。サザエの甘さを際立たせる味噌味で衝撃的なうまさ（上）。『クロバチメの中華風あんかけ』は味が濃いクロソイがさらにトロリと濃密に（下）。

銚子

千葉県の銚子港『香海』でイワシ三昧。『イワシ塩焼き』は、ぱりっと焼き上がって歯ごたえ良く、マイワシの脂のうまさを存分に堪能。新鮮だからワタまでほろ苦くも甘いのだ。

三浦

三崎漁港『庄和丸』の『本鮪のかま焼き』（右）、『極上メバチマグロの中トロ』（左上）、珍味『鮪の胃袋』（左下）。毘沙門漁港『毘沙門茶屋』の『イロリで焼いた焼き魚』（下）。

駿河湾

田子の浦港でいただいたシラスの『赤富士丼』（上）。『浜のかきあげや』の『サクラエビのかきあげ丼』（右下）。沼津港『沼津 みなと新鮮館』の『港食堂』の『特上さば開き定食』（左下）。

この堂々たる姿煮。お値頃で下田の方々に愛され続けている魚料理店『なかがわ』にて、タレが染みてホロリと甘く、極めて濃厚な『キンメの煮魚定食』をいただいた。

隠岐の島・島後の民宿『喜兵衛』にていただいた肉じゃが風仕立てのサザエの『ヘカ』。濃厚な風味のサザエの出し汁が効いて最高。

朝日町

富山県宮崎漁港近隣の、『ドライブイン金森』のご飯を付けて定食にした『たら汁』。味噌とまろやかにブレンドされたタラの身と出汁。愕然とするほどうまい。

小浜

小浜の『食彩ごえん』にて。『へしこ』を焼き上げ、香りも甘みも増した焼きへしこ。

太地

太地町の鯨料理専門店『しっぽ』にて。柔らかく深い味の『おのみの刺身』（上）、脂が甘い『クジラのベーコン』（右）、食感最高の『オバケ』（左上）、『クジラの竜田揚げ』（左下）。

小豆島

小豆島の『さぬき庵』にて食した『ひしお丼』。錦糸卵の上にボイルエビとホタテ、もろみとオリーブの具材に、醤油のご先祖様である『ひしお』を、たっぷりとかけていただく。

尾道

尾道市の『後藤屋』にて。『地魚定食』の『ハマチの刺身』は刻んだ長ネギと七味唐辛子に醤油をかけていただく（上）。『白ハゼの煮付け』。関東でいうトラギスである（下）。

太良

たらカキ焼海道の『園』で食したのは、『竹崎カニ』と呼ばれる特上ワタリガニ（上）。炭火で焼くカキ（下２点）。プリプリの海のミルクである。

宮古島

宮古島の食堂『すむばり』で食べたのは、どか盛りのご飯に煮込まれたモズクを乗せて、煮込んだシマダコと温泉卵をさらにその上に盛った『すむばり丼』。

プロローグ

ボクが漁港食堂に通うわけ

四面を囲むありがたい海が、ボクらに与えてくれる一番の恵みは、なんといってもおいしいおサカナである。

なにしろおサカナは命の糧なのだ。太古の貝塚より沢山の魚の骨が出土しているのを見れば一目瞭然なのだが、ボクら日本人はずっと魚食に支えられてきた。

そのありがたい魚を水揚げするのが漁港である。命の源となるものが並ぶ漁港は、まるでその魚体のようにキラキラと輝き、エネルギーに満ちている。

そんな漁港、漁村や漁師町には過去より流れ着くものを拒まない気質が根付いている。外からの人に優しくそして明るい。海から来た賢人が知恵や技術を伝道する物語は日本各地に多く、流れて来た仏像をご本尊様にしている仏寺は実に多い。

地方の港を訪ねるほどその空気感は顕著で、網を繕う漁師さんに気軽に話しかけても屈託のない返事をいただけることが多い。ボクがご縁をいただいた方々の中には、まるで親戚のおじさんや、実のお父ちゃんお母ちゃんではなかろうか？　と思ってしまうほど温かで親切な方もたくさんいらして、そのたびに少しホッコリしたりウルウルしたりである。

そんな漁港は東西に長く延びるこの日本列島に多々あって、そしてたいていその漁港付近には地魚を食べさせてくれる食堂があるものだ。

港の規模にもよるのだが、それは漁師や船員達のための賄い食堂だったり、たくさんの観光客が訪れる大規模なものだったりと様々で、それぞれに特色がある。

北に行けば、スケトウダラの三平汁、キンキの開き、イシガレイの刺身、シロザケ（鮭）のちゃんちゃん焼き、ホッカイシマエビのボイル……。

南の離島を訪れれば、グルクン（タカサゴ）のカラアゲ、イラブチャー（ブダイ）の皮付きの刺身、大きなクブシメ（珊瑚礁に棲む大きなイカ）のお造り、タマン（フエフキダイ）のマース煮（塩煮）、ゴシキエビの姿作り……。それらの魚料理を眺めているだけでドキドキと胸高鳴る。一国においてこれだけ各地の差異、多様さがあるのは、まさにパラダイス。

それぞれの魚種もすごいが、そのレシピもまたすごい。

たとえばボクの大好きなサバであるが、このいち魚種だけみても、刺身、焼きサバ、しめサバ、煮付け、味噌煮、フライに竜田揚げ、サバご飯にすき焼きにしゃぶしゃぶ、味噌汁、めずらしいところでは、焼きサバそうめん、すぶて、焼きサバ飯、いろつけ、船場煮、へしこ、塩辛、塩漬け……と、実はサバだけでもまだまだあって、すべてを披露しきれない。

そのメニューのどれもが長きにわたって伝えられ、絶えることがなかったものだ。つまり、めちゃくちゃおいしいから親から子へ、そして孫へと脈々と伝えられてきた調理方法である。実際各地を巡りいろいろな魚料理をいただくたびに、そのうまさに舌を巻くボクである。

そんなわけで、漁港を巡り、漁港食堂を探して日本の食文化をいただくという旅が、面白くてしかたない。こんなに素敵なことが他にあろうかとつくづく思うのだ。

日本各地の漁港を巡り、そこでボクがいただいた地魚定食は、どれも比較しがたい魅力がある。

ふと思い出すだけでも、その料理のおいしさが蘇り、おなかがグウと鳴ってしまうのだ。

今回は北は礼文島、南は波照間島まで、日本全国から18か所を紹介させていただいた。

さぁ、みなさん！　ページをめくっていただき、ご一緒に日本全国地魚定食の旅に出発しましょう。おなかも心も満たされるおサカナ料理に出合えるはずです。

日本全国地魚定食紀行

ひとり密かに焼きアナゴ、
キンメの煮付け、サクラエビのかき揚げ……

目次

装丁・イラスト・写真・文／うぬまいちろう

最果ての港、稚内港でカニ丼を味わい、礼文島に渡り究極のウニ丼を食す

北海道・稚内市、礼文町

北緯45度31分22秒。宗谷岬の突端に建てられた日本最北端の地の碑からオホーツク海を望む。

珍しく凪《な》いでいる北の海は高緯度の斜陽に輝いていたが、しばらくすると強い風に吹かれ兎が跳ぶ。兎とは白波のことで、強風に吹かれて白波が見えるさまを漁師達はそう呼ぶのである。この地ではその兎も、兎という可愛げな存在を優に通り越し、まるで巨大な白龍のように連なり、怒濤《どとう》となる。

ジャケットのジッパーを目一杯上げて日本最北端の地の碑より国道238号を挟んだ対面の食堂に飛び込む。この日にお邪魔したのはオレンジ色に塗られた建物が印象的な『魚常 明田商店』である。

ボクは31年前から毎年この地を訪れ、北の碑を拝んでから釣り三昧と車中泊の休日を楽しんでいる。この地でしか釣ることのできない魚や、この地でしか見ることができない眺望、そして素晴らしい一期一会の縁があって、自由気ままで、ある意味とてもだらしない旅が止

められなくなってしまったのだ。

魚常 明田商店にていただいたのは、こちらの名物である『ぶっかけ丼』である。マグロにサーモン、サバ、カレイにイカにタコにホタテ、そして紅い身はメヌケだろうか、中央にはさらに彩りよくトビコとイクラが乗って、黄色い卵焼きがまた綺麗である。これにワサビ醤油を豪快にかけてガツガツといただく。その刹那、北のおサカナたちが口内でドラマチックな饗宴を開く。

ちなみにここまでどっかりこれでもかと盛られたこの丼が、夏目漱石1枚に消費税というお値打ち価格であることを付け加えておこう。

あっという間に完食を果たし、愛車にて稚内に向かった。紺碧の宗谷湾を望みつつ強い風に吹かれ、車体を少し斜めにしながら40分ほど流せば稚内の街である。

ここをはじめて訪れたのは1990年の春、25歳のときだ。当時の稚内の街では、ロシア語の文字とそのあとに国際結婚と綴《つづ》られた奇妙なノボリを目にすることがままあった。

「あ、あれね、ロシアの嫁さんとお見合いする商売なんだよ。ここいらはさ、なにしろ札幌よりもサハリンのほうが近いしね」

奇妙なノボリや看板が、国際結婚斡旋の業者のそれであると笑いながら教えてくれたのは、稚内駅近くの食堂『ひとしの店』で知り合った方。これからフェリーで礼文島に渡るという。90年代初頭は、まだお金持ちの日本というイメージが強かったのか、ロシアの花嫁さんに日本の婿殿は人気だったのである。

「この時期の礼文はすごいよ。遡上のアメマスが大量に押し寄せてさ」

札幌から来たというこの御方、大の釣り好きで根っからのアウトドアズマンということで、意気投合してその人の話に聞き入った。

ちなみに、ひとしの店で『かに丼』と『かにめし』をいただいた。かに丼は溶き卵でカニの脚をとじたものが具材となっており、まるで丸太を積み上げた製材所のように、殻をむいた太いカニ脚が何本も熱々ご飯に乗った珍しい丼である。

かにめしは、ほぐしたカニの身がお重のご飯の上に敷き詰められ、その上に殻付きのカニ脚とカニのツメが乗せられていた。どちらもとても美味で、特にかに丼のカニの脚の卵とじは、カニの身の繊維と卵のむちっとした食感が絶妙で、卵の甘みとカニの甘みとのデュオは、唯一無二の世界を醸し出していた。

「俺のことはまんぞうだから〝マンちゃん〟って呼んでね。実はマンセルがなまら（凄く）好きでさ」

話を聞きつつ、かに丼とかにめしを頬張るボクに、その時代苛烈なブームだったF1のファンであり、そして当時ウィリアムズホンダからフェラーリへ移籍したナイジェル・マンセルを尊敬しているのだということを熱く語り、マンちゃんと呼べとおっしゃったその御仁。彼はホンダが大好きというだけあって、愛車は荷物を山と積んだ、ホンダXL250というオフロードバイクだった。

話は礼文島に戻り、自分もそこへ行くために来たのだと話すとマンちゃんは、「なら『久《く》種《しゅ》湖キャンプ場』で合流しよう。で、悪いんだけどこれ持ってきてくれないかな?」と、ロッド（釣り竿）を手渡してきた。バイクにくくるにも、リュックから突き出して持っていくにも、長ものの積載は風の抵抗となって、どうにもよろしくないのだという。

稚内周辺は日本海からオホーツク海へと抜ける風の通り道で、最大風速10m／sとなる日が年間83・8日に達する〝風の街〟である。礼文島へのフェリーや稚内空港への発着便は強風で欠航となることが多く、冒頭にも記したように、強風が常に吹いているのだ。

稚内観光で宗谷岬同様に印象的なアイコンとなっている『北防波堤ドーム』は、そんな激しい強風対策として稚内港を守る防波堤、そして稚内港の桟橋から稚内駅までの乗り換え通路の動線を安全に確保するために、1931（昭和6）年から5年間をかけて建設された、防波堤としては異彩を放つドーム状の構築物である。

さらにこの強風は街のインフラにも利用されている。宗谷岬の丘陵地帯には日本最大級の風力発電所『宗谷岬ウインドファーム』が建築され、現在57基の風力発電機が元気に稼働している。その発電量は稚内市の年間消費電力の約6割であるというから素晴らしい。

そんなわけで、風が強いこの一帯のバイク走行で、マンちゃんが釣り竿を預かってくれないかと頼むのも無理はないのだ。

さて、ひとしの店をあとに、稚内港のフェリーターミナルへ。当時『東日本海フェリー』と呼ばれていた『ハートランドフェリー』の昼の便にて礼文島の香深《かふか》港へと向かう。稚内の西方、約60㎞の日本海洋上に位置する礼文島まで、約2時間を用する航路である。礼文島の名称の由来は、アイヌ語で〝沖の島〟を指す『レブンシリ』という言葉が元となったとされている。沖の島という認識を得たということは、太古に波間に漂う小舟でこの島に渡っていたということの証明でもある。

実際、礼文島は〝遺跡の島〟といわれるほど、太古からの貝塚が多いのだ。その遺構からは北海道北海岸、樺太、南千島の沿海部に栄えた海洋漁猟民族のオホーツク文化の特徴を残した多くの遺物が発掘されている。北海道の先住民族といえばアイヌを思い起こすが、ロシアの少数民族であるニヴフ人や、カムチャツカ地方の先住民族であるコリヤーク人もこの地で暮らしていたのだ。それらの話説は、出土した人骨の遺伝子調査からもわかる史実であり、吉村昭先生の『大黒屋光太夫』（上下巻）や『間宮林蔵』にもうかがえる。

遥か昔に大海を渡ったそれらの民を想像すると、果てしないロマンを感じると同時に、その旅はさぞかし難儀だったのではと、余計な心配をしてしまうのであるが、太古の御仁はおそらく想像がつかないほどタフであったに違いない。

そんなロマンを胸に秘め、少し閑散とした船室や、北の海を吹き抜ける冷たい風の洗礼をうけながらデッキをうろうろしていると、フェリーは香深港に到着。錆びてやれたスロープが軋《きし》みながら展開されると、礼文島の旅のスタートだ。

「俺さ、バイクだし、とりあえずぐるっと回るからさ、先に行ってて」

マンちゃんはホンダＸＬ２５０の機動力を活かしたいらしく『久種湖キャンプ場』での再会を約束して風のように走り去ってしまったので、こちらはクルマでゆるゆると出発といきたいところだが、そのとき見つけてしまったのだ。

それは香深港から北海道道40号礼文島線へエントリーせんと、港沿いに進んだすぐのところにあった『ちどり』というお店で、礼文島上陸から数百ｍにて急停止。かに丼をいただいたばかりだったが、お店を拝んだらもうおなかがグゥと鳴るのだった。

ちょっと奮発して早速『ウニ丼』をいただく。この日はバフンウニの入荷があったので、迷わずそれを選んだ。ちなみに北海道で採れるエゾバフンウニ、なかでも礼文島産のそれはウニの王様といわれており、その味覚は日本一と称されている。

「いただきます」というやその刹那、まるで犬のようにがっつく。なにしろエゾバフンウニは大好物なので本当に食が進む。その味は濃厚で甘みが強いが、咀嚼《そしゃく》して喉を抜けた後の口内はむしろあっさりしている感覚。濃いのに優しい味なのだ。

ちどりは昨今『ホッケのチャンチャン焼き』でもその名を轟《とどろ》かせている。ウニ丼は豪華2階建て、つまり二重の積み上げにまで進化している。また香深港やその近隣には他にも数軒の食堂、寿司店が店を構えているので、来島の際には北の離島の味を存分にご賞味あれ。

さて、島を南北に走る道道40号を久種湖キャンプ場に向けてゆるゆると北へ。左には深緑を湛《たた》える丘や切り立った崖。右にはまったりとした海原と太陽が映り、心地よく乾いた空気が窓から流れ込んで頰を撫でる。

丘を抜け、道道40号より分岐して、かつて〝日本最北端の牧場〟だった『道場牧場』を通過する。ここは昭和50年代放送の人気ドラマ『熱中時代』のロケ地にもなった牧地で、直売所で『最北端の牛乳』を購入することができた。余談となるが、ボクはこの最北端の牛乳と、猿払村の『さるふつ牛乳』が北海道の牛乳ではピカイチだと思っている。どちらも強烈に濃厚で遠慮のない味だったが、高齢化、後継者不在などのため平成13年末に道場牧場は廃業。さるふつ牛乳も、観光で好評になったためか、少しマイルドな味わいにモデルチェンジしてしまった。

かくのごとき〝日本最北端の牧場〟を過ぎると、これまた最北端の湖となる久種湖が見えてくる。湿地に囲まれたこの湖の周囲は歩行困難な谷地もあり、全周囲にわたって釣りやすいフィールドとはいえないが、趣ある景観を堪能しながらロッドを振ると、30～50㎝ほどのアメマスがよく釣れる。とりあえず夕食分の数本をキープしようと夢中で遊んでいたら、すでに黄昏時である。

急ぎ町営の久種湖キャンプ場に向かう。湖で釣ったアメマスをたき火（現在はたき火禁止）で燻《いぶ》しながらテントを張る。たき火の煙を追って何気なしに空を仰ぐと、そこには満天の星が広がっていた。

天の川がハッキリと見てとれるそれは、煌《きら》びやかで、まるでプラネタリウムのようである。いや、もとい、プラネタリウムがこの天空を模したものなのだ。

肉眼でここまでの星が見えるとは。我を忘れ、暫《しばら》く夜空を見つめていた。

さて、礼文島での数日は夢のように過ぎていったが、大問題が発覚。なんと、マンちゃんがキャンプ場滞在中に一度もその姿を見せなかったのである。

女の子でも引っかけて宿に泊まっちゃったのかな、それとも事故にでもあったのかな？

マンちゃんの身を案じて、香深に買い物に行った際にも駐在さんに、事故がなかったかなど、事情を話して諸々の近況を尋ねた。果ては食堂や銭湯で見知らぬ人に話しかけ、ドラマの刑事さんのように聞き込みをしたりと、あらゆる手を尽くしたが、待てど暮らせど、彼とホンダＸＬ２５０の姿を見ることができなかった。

ついに島内最終日を迎え捜索は断念し、フェリーで稚内へ。携帯電話もスマホもなかった時代ゆえ、せめて電話番号を交換しておけばと悔やんだが後の祭りである。

そんなわけで30余年が過ぎてしまった今日。マンちゃんのフェンウィックのロッドは我が家で未だ竿袋に納められたままである。

鼻を近づけると、古くなった埃の臭いに混ざって最果ての島の乾いた空気の香りが漂い、そのたびに少し切なくなるのであった。

礼文島香深港『ちどり』の『ウニ丼』。
エゾバフンウニがドカ盛り！
ほんのり塩気と
たっぷりの旨みがあるので
はじめのひと口は
醤油をかけずに
いただきたい。
ウニの王様『エゾバフンウニ』。
なかでも礼文島産のものは最高級品だ。
旬は春〜秋で
なんと寿命は10年！

豊かなる北東端の漁港、羅臼漁港で珍しいブドウエビ、黒ハモを心得る

北海道・羅臼町

初夏の風を受けながら愛車で国道335号をゆっくりと流す。

国後島《くなしり》によって水平線が仕切られたべた凪の根室海峡は、どこまでも蒼い空を水面に映し、まるで絵画のような世界を呈するが、未だ心痛む歴史が未解決の島の眺望はどこか哀しげでもある。やがて漁港が近いことを告げるように、定置網がぽつり、ぽつりと見えては消え、北海道でも有数の水揚げを誇る羅臼魚港に至る。

羅臼魚港は豊かな海産資源と類い希なる地形、気候に恵まれた北国の楽園である。地名の〝羅臼〟はアイヌ語の〝獣の骨のあるところ〟を意味する『ラウシ』に由来し、多くの遺跡から陸獣、海獣、魚類の痕跡が出土している。江戸時代の安永年間より漁が営まれていた記録からもわかるように、この地は豊かなる猟場であり漁場であるのだ。

さて、ボクがここをはじめて訪れたのは1990年。25歳の春のことだ。当時は南防波堤と呼ばれる、外周を囲む巨大堤防が施工される前で、現在よりはどこかこぢんまりとしていた。しかしながら漁船の数がとても多く、また、あまたの漁具も立派な最新式のもの

ばかりで、活気に溢《あふ》れていた。

「行商が来るからねぇ、このロレックスもなまら高かったけど買ったんだわ」

なんてお言葉は、無料の露天風呂、『熊の湯』(後述)で知り合った漁師さんから聞いたもの。当時は未だバブル経済の余波があって、魚もバンバン売れたので、漁師さん達は皆、高級車に乗り、海外ブランドの時計を腕に巻いて、それはそれは景気が良かったのだ。

そんな時勢で、羅臼漁港を取り巻く食事処も個性的なお店が多く、なかでもトド料理のお店『高砂』は痛快だった。こちらは今でいうジビエのお店で、トド肉をメインに、エゾジカやヒグマの肉を食べさせてもらえたのだ。食事中に店主のオヤジさんが、トド討ち猟をしている自分のビデオを嬉しそうに上映してくれ、講釈を聞かせてくれるのだが、それもまた楽しかった。高砂は現在、『茶館《さかん》』という心安らぐ喫茶店となっている。

さて、トドやエゾジカなどのジビエに代わって、現在羅臼を訪れる観光客に珍重されているのが、ブドウエビと呼ばれる艶やかな深い紫色に染められた深海エビである。

「すごくうまいんだよねぇ。7月から9月中旬くらいまで、エビカゴ漁で獲るんだけどね、羅臼のブランドとして力を入れているんだよねぇ」

ブドウエビと羅臼の海の恵みのアレコレを教えてくれたのは、羅臼漁業協同組合の流通部部長の竹中勉さん。2018年にモーターマガジン誌の旅の取材で訪れた際にお世話になった方である。ここ羅臼でしか水揚げがないブドウエビは1日十数kgしか確保できない幻のエビだ。標準和名を『ヒゴロモエビ』というのだが、ブドウエビという通称ははじめてこのエビが羅臼市場に出荷された際、「これはなんというエビ?」と漁師さんに尋ねたところ、「ブドウ色してるからブドウエビだべや!」と適当に答えたのがその名の始まりとか。なんとも大らかなお話である。

「漁場が近いからね、キンキ漁なんかは13時に出船するときもあるんだよね。キンキは深くてね、水深2000mを超えるところに延縄《はえなわ》を仕掛けることもあるんですよ。この辺のドンブカの海溝は、天然の魚礁みたいなもんだからね」

お題はブドウエビからキンキへと変わり、これまたうまいから絶対に食べていってねと笑顔を浮かべた竹中さん。凄くいい表情でちょっと自慢げだ。

キンキとは正式名称をキチジというフサカサゴ科のおサカナ。道東地域ではメンメの名で親しまれている。脂が乗ってとても美味なのだ。

他にもマダラにホッケにソイ、オヒョウにソウハチ、ドンコにツブ貝にボタンエビ、そして昨今、ブドウエビやキンキに並んで羅臼の魚として注目されている黒ハモ(ハモ)など、浜（市場）に並んだトロ箱に溢れる様々な魚種を見せてくれた竹中さん。

ちなみにブドウエビやキンキ、そして黒ハモは、国道335号沿いの道の駅『知床・らうす』の2階に所を構える『羅臼の海味 知床食堂』でいただくことができる。道の駅の食堂だけあって、お値頃である。

キンキは『キンキ煮付け定食』をいただいた。身が厚く骨からの身離れもよく、なによりも甘みがあって奥深い。キンキは刺身よりも煮付けが特にうまいと思う。

黒ハモは『黒ハモ丼』という丼だが重箱に盛られている。通常のハモ料理をイメージすると、いい意味で裏切られる。とにかく味が濃く、身からしたたる脂に風味があってとてもうまい。

話題のブドウエビは7〜9月限定の単品メニューとなる。

珍重されるだけあってその食味は格別だ。刺身でいただくのだが、その味はボタンエビよりも遥かに力強い。時価で高額ゆえ、たらふくいただくことはできなかったが、いつの日か、おなかいっぱいにいただいてみたい。

余談であるがこのお店、メニューがとても多彩。『ホッケジャンボおにぎり』や『ホッケフライバーガー』というユニークでリーズナブルなメニューもあり、貧乏旅行のボクには強い味方であった。勿論、味もめちゃうまいからご安心あれ。

他にもあれこれのメニューを自慢にした食堂が数軒並ぶ羅臼町とその界隈だが、この町は羅臼川の川沿いと、海岸沿いの平地に集落が密集しているので、その気になればゆるゆると歩いてグルメ散策を楽しめる。また行動範囲を広げてトレッキング気分で距離を延ばせばさらに面白い。晴れた日には羅臼の街に羅臼漁港、そして国後島を見渡すことができる『知床望郷展望台』まで登ることも、足自慢なら良しだ。

ダケカンバの林を背景に、かつての町営スキー場跡となる斜面を割って、うねうねとした山道を行くここには、かつて『望郷台キャンプ場』という無料のキャンプ施設があった。このキャンプ場を基地とし、若きボクは初夏の羅臼の釣りを日々堪能していた。

そんな望郷台キャンプ場には、〝クマ蹴り少女伝説〟というユーモラスな逸話がある。ここでキャンプしていた家族の娘さんが、いつもひょうきんなお父さんがふざけていると勘違いして、テントにのしかかってきたヒグマに強烈な足蹴りをくらわせて退散させたという、なんとも勇ましい武勇伝がそれである。

望郷台キャンプ場は現在閉鎖されてしまい寂しい限りであるが、『知床国立公園羅臼温泉野営場』というさらに素晴らしい施設が、羅臼の街より羅臼川に沿って国道334号を少し登った地点に設けられている。

地の利もよく、対面の羅臼川に架かった『いで湯橋』を渡ると、無料で入浴可能な『熊の湯』となる。目の前が国内でも有数の露天風呂なのである。この温泉は源泉が99℃のかなり熱い湯であるが、川水を引いて適温にする工夫がなされているので、調節が可能だ。

標高1661mの羅臼岳より、ミズナラやダケカンバ、ナナカマドなどが茂る原生林を介して渡る風に当たれば、火照《ほて》りを抑えていで湯を楽しめる。森に囲まれ浸かる湯は、なんともいえない極上の気持ちよさである。

「熊の湯入浴十ヵ条を読んだ? アサイチはね、漁師さんが掃除に来るから、そのときは一緒にデッキブラシで床をこすらないとダメよ」

幾度となく浸かったこの湯であるが、やはり20代のときにいかにも地元のオジサンといった風貌の御仁と入湯時に邂逅《かいこう》した。なかなか博学の方で、この湯は硫黄泉であり飲泉もできると、熊の湯のイロハを教えてくれた。さらに当時の食堂や、知床峠を下った反対側のウトロの情報なども詳しく話してくれたので、さすが地元の方ですねと持ち上げると、

「え? 違うよ、オレ、毎年この時期に九州から来てるんだよ」とのことで、実はボクと同じ望郷台キャンプ場で寝起きしている方であった。

脱力のオチであったが、その日の夜に熊の湯に行くと、なんと清掃中だった。博学の地

元凮オジサンの話は雑であることが判明した瞬間だった。

「なんだよ、清掃は夜もあるんじゃん！」と心の中でぼやきつつ、清掃を手伝ってその後入湯。汗をかいた後なので、なおいっそう気持ちよい湯となった。

「ここからさ、クルマで行ける最東端が相泊《あいどまり》っていうところなんだけどね、そこになまら面白い食堂があるのよ」

汗は流してみるものである。その掃除の方との入浴中にかくのごとき情報をいただき、翌日早速、相泊に向けて、道道87号線を進んだ。途中、秘湯感溢れる、最高の眺望の温泉『セセキ温泉』と『相泊温泉』に立ち寄る。特にセセキ温泉は海岸の岩場、海の中にある海中温泉で、ちょうどよい潮位のときにしか入浴できないというシチュエーションゆえに、無事入湯できたときの喜びはひとしおだ。まさしく海に浸かりながらの眺望は、他には体験できない別世界である。なお、セセキ温泉は個人が管理する温泉なので、利用の際には左側に面する屋舎にひとことご挨拶をして、清掃協力金の寸志をお忘れなく。

さて、相泊漁港に到着。知床半島羅臼側の車道の最終地点ということで、旅情をそそるスポットだ。ここより先は点々と漁師の番小屋が建ち並んだゴロタ石の荒路となり、やがて徐々に路の様相をなくし、さらに多くの流入河川に寸断されて半島先端に向かうにつれ、人と獣しか通れないトレイルとなるのだ。

そうした地の果てに『熊の穴』という食堂が忽然と店を構えていた。大きな熊の木彫りがかなり強烈なアイコンとなっている、温泉の御仁が言っていたような、なまら面白い外観だ。メニューもこの地ならではのもので、チャーシューが熊肉の『知床熊ラーメン』を注文。平日の午後だったせいかお客さんも少なく、こちらを経営する椋木夫妻との会話が弾んで、いつしか話がヒグマの話題になる。

「な〜に、ヒグマ見たことないってか。この辺じゃいっくらでもいっから、飯食い終わったらクマ見に連れてってやっから」

椋木さんのそのお言葉にビックリして興奮し、啜《すす》っていたラーメンを少し喉につまらせてしまった。食事が終わり店の外へ。

「朝がね、一番見れるんだけどね、カラスを探すといいんだよねぇ。カラスはさ、クマの毛が好きでね、クマの毛をもらって巣を作っから」

そう言ってなんの警戒もなくひょうひょうと歩き出す椋木さん。その後に恐る恐るついて歩く。ここ知床半島はヒグマの密集地帯である。特にここ相泊から東に向けての一帯は、現在では世界的に希なヒグマの密集地となっており、餌《えさ》を求めてゴロタ石の渚まで出てくることも多々あるという。漁師の生活圏とヒグマのテリトリーが重なっているのに、事故もなく共存しているという環境も、とても珍しい。

「ほら、いた。ほら、言ったとおりカラスもいるべ」

それは何の脈絡もなく突然現れた。生まれてはじめて見た野生のヒグマは、生い茂るクマザサと原生林に見え隠れし、そそくさとその奥に消えてしまったので惜しくもシャッターを押すチャンスを失ってしまった。

椋木さんのおっしゃるように、カラスもその周囲の木に留まっていた。シャッターを押せなかったボクに椋木さんは、「なーんもなーんも、夏になったらいっくらでもいっからね。釣りに来ればいいさ。釣ってるうちに回り囲まれっくらい、なまらクマが出てくっから」と、笑うのであった。あれから30余年。椋木さんは彼岸の人となられ、熊の穴は店を閉じてしまった。閉ざされたお店の前には、大きな木彫りの熊が残されたままである。

木彫りの熊を見つめるボクの頬を海風が優しく撫でると、どこから来たのだろうか？カラスがカアと甘い声で鳴き、彼方を見つめる。視線をそらしてペタリと木彫りの熊に手を触れると、なぜかとても温かで、優しい感触を覚えた初夏の午後であった。

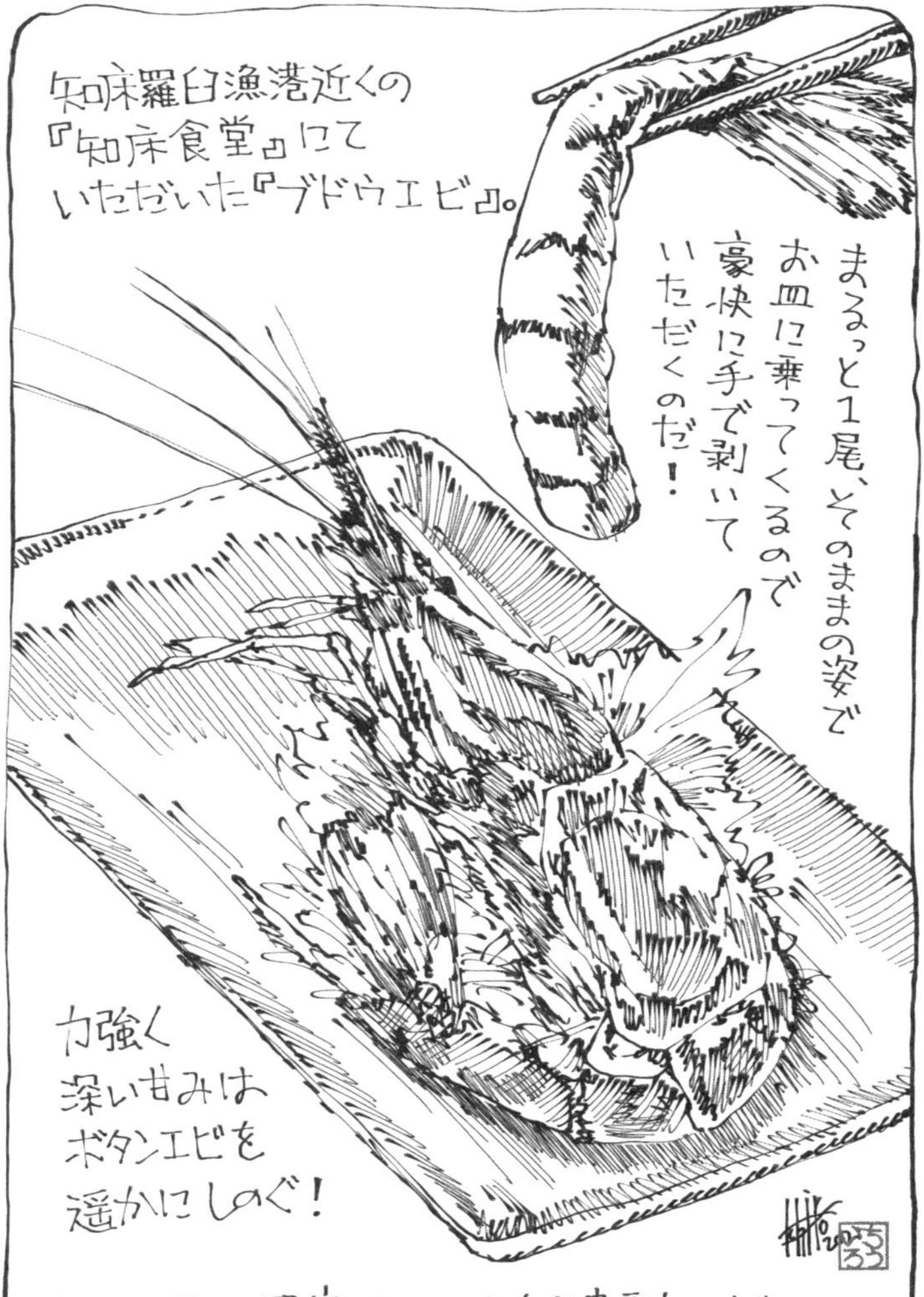
知床羅臼漁港近くの
『知床食堂』にて
いただいた『ブドウエビ』。
まるっと1尾、そのままの姿で
お皿に乗ってくるので
豪快に手で剥いて
いただくのだ！
力強く
深い甘みは
ボタンエビを
遥かにしのぐ！
7月〜9月の限定メニューとなる貴重なエビ。

青函連絡船の青史を追懐しつついただいた、マグロ中落ち丼とメヌキの粕漬

青森県・青森市

南船北馬の旅を共にする愛車フォルクスワーゲン・T4ウエスティは、東北自動車道をひた走り、青森中央インターチェンジを通過。川崎の自宅からのその距離なんと747kmとなり、かつて道奥《みちのく》と呼ばれていた青森のその名称の意味をあらためて悟る。

ちょいとばかり仮眠をとっただけの夜討ち朝駆けの運転に少し気だるさを覚えたが、しかしながら旅はまだ始まったばかりで、見慣れない景色を目にゆるゆると青森市内を流すと、どんな出会いが待っているのだろうと昂ぶるのだった。

国道103号から4号を介しゆっくりと街中へ。すると、赤い鳥居と鎮守の森らしきものを発見したので早速探訪。『善知鳥《うとう》神社』と書かれた鳥居の横の張り札には、この神社の成り立ちが記されていた。なんでもここは青森市がその昔、善知鳥村といわれた頃の信仰の中核で、いうなれば青森市発祥の地らしい。

神様が通るとされる参道の真ん中を避けながら、大きな赤い鳥居をくぐって本殿を参拝。ふと横を見るとパワースポットなる案内の看板を見つけたので、これも神のお導きと勝手

に解釈して指示どおりに行くと、『龍神之水』という、お口からお水が迸《ほとばし》っているなんとも神々しい龍神様の石像が。

〝水や海に関する仕事、商売人に信仰された特別な場所〟との説明が書かれてあったので、イラストで魚を描くことが多く、釣り番組のMCをつとめつつ、釣り糸メーカーのフィールドテスターをさせていただいている身としては、「この龍神様との出会いは運命なのだ」と、とても前向きに捉えて、「はぁ～龍神様、家内安全！　交通安全！　バンバン仕事が入って儲《もう》かりますようにぃ」と強欲甚《はなは》だしくお願いし、深く頭を垂れたのであった。

ちなみに近くにあった鉄製の賽銭箱に投じたのは10円玉であるが、神様は寛大にして偉大であるのだから、コレデイイノダ。

さて、善知鳥神社を後に向かったのは青森駅周辺である。青森駅はかつて東京からの東北本線、そして奥羽本線の終着駅で、青函連絡船との乗換駅であった。鉄道路線はここで青函連絡船と連絡し、船に積まれて海を行き、函館で再び軌道へと戻ったのである。

青森駅からふらふらと歩いて青森ベイブリッジをくぐり、徒歩7分ほどで到着する旧青森桟橋には当時をしのぶ132ｍの第一桟橋、265ｍの第二桟橋、159ｍの第三桟橋が残され、最大長の第二桟橋には青函連絡船『八甲田丸』がメモリアルシップとして係留され、黄色に塗られた優美なる船体を青森港に浮かべている。

八甲田丸は1964年（昭和39年）7月31日に竣工し、延命工事を受けながら1988年（昭和63年）3月13日の青函航路終航まで、歴代の青函連絡船では最長となる23年7か月間運航された船舶である。1964年生まれということはボクと同じ年齢、もとい船齢で、レトロな船体をまじまじと見つめると心が熱くなった。

八甲田丸と桟橋にはセンチメンタルな演出が用意されている。バウ（船首）方向には黒光りする立派な石材で造られた『津軽海峡冬景色 歌謡碑』が設置されており、この歌碑に近づくとセンサーが反応して、かの名曲、石川さゆりお姉さまが歌う『津軽海峡・冬景色』が流れ出すのである。しかもそれはかなりの大音量で、ビックリするとともに心揺さぶられること請け合いなのである。

「いやぁ、あの、その、ほんと、ビックリしました。でも、なんかいいですよね、まじ染みますすね」

歌碑に並んで同時に驚いた御仁が思わず漏らす。その語りからもしや同郷の士ではと思ったら、やっぱり神奈川の方で、横浜は根岸からだという。

「いやぁ、あの、その、ほんと、根岸も昔の港湾施設の跡があるんですよね、二式大艇（第

2次世界大戦中最高性能を誇った大型飛行艇）の基地もあったんですよ。横浜線と根岸線の他に、製油所の貨物専用路線も引き込まれていたりしまして、なんかこことちょっと似てなくもないんです。でも、いやぁ、あの、その、ほんと、ここは海風が寒いけど」

お名前を聞くのを忘れたので、彼を根岸氏と呼ぶことにするが、根岸氏はそう言うとジャケットのジッパーを首元まで上げた。聞けば根岸氏、相当のテッチャン（鉄道マニア）で、立派なカメラを片手に日本中を撮影して回っているそうだ。

「いやぁ、あの、その、ほんと、ここへは、DD16と、スユニ50、キハ82なんかを撮影に来たんですが、なんといっても絶対に撮りたかったのが可動橋なんですよ、軌道と軌道の間の敷板なんか、もうめっちゃヤレていい味出してまして、でもって、♭♪∞♭♀☆〆∞△♂♭♪♀♭♪∞♭♀☆〆∞△♂♭♪♀！！！」

根岸氏の話は留まることを知らず、その後も延々と続くのだが、確かにその可動橋は歴史的な遺構で、優美な八甲田丸のスターン（船尾）に設けられたランプウェイ（積載口）と、陸のレールと連絡船を結ぶ、今となってはとても稀少なシステムである。

氏のおっしゃるとおり、可動橋はヤレて錆び、たくましい鉄の部材と温かな敷板の質感があいまって、なんとも重厚かつ艶やかな風情であった。

ここ旧青森桟橋が青森駅から続く日本の動脈の重要拠点であり、かつ青森という街が陸奥湾の綿津見に面し、小樽や横浜、神戸のような海洋都市であった証を可動橋と軌道は今なお静かに語り続けているのである。

「いやぁ、あの、その、ほんと、青森は駅前が市場だらけで面白いんですけど、『アウガ』というところがあって、そこの地下がでっかい市場になっていますからぁ、マグロとかタラコとか並んで、なかなか凄いんですよ、おいしいものも食べられますしぃ」

根岸氏との話は、やがて鉄道からおいしい話題へと転化する。そんなに面白いならと早速アウガ地下のその市場に馳せ参じる。

「らっしゃぃ！　いいの入ってるよ〜。このカジカなんで最高だよぉ」と、元気のいいオジサンが市場特有の口上を聞かせてくれた。根岸氏が言ったとおり、ここにはマグロにタラにあまたの甲殻類、カジカやソイ、メバルなどの地ものがずらりで、それは見事な眺めであった。ちなみに根岸氏はというと、「いやぁ、あの、その、ほんと、八甲田丸に積載された車両を撮影するから、各部も精密にじっくり撮りたいので、いやぁ、あの、その、ほんと、ここで」ということで、旧青森桟橋に置いてきた。ご縁があればまた日本のどこかで出会えるだろう。旅とはそういうものである。

さて、アウガの食材を見ると、種々雑多、千差万別でどれも鮮やかな色に輝き本当にうまそうである。したがって自然の摂理として腹がグウと鳴ったので、早速『丸青食堂』という、見るからに市場のまかない食堂といった風情溢れるカウンター式の定食屋さんへ。このような様式の市場に密接したお店は経験上まず外れがないのである。

カウンター横にはガラス棚があり、作り置きされた品々が並んでいた。青森といったらやはり本マグロである。天然クロマグロと書かれたお品書きが貼ってあったので、カウンター越しに早速その『マグロの中落ち丼』を注文する。クロマグロ（本マグロ）の中落ちは、この日市場に入ったとのことで、自ずと期待が高まるのだ。

中落ち丼を待ちつつ、ふと再びガラス棚を拝見する。いく種もの実にうまそうな食材が並べられているではないか。「マグロ！　マグロ！」とがっついていたボクはマグロ一品に集中してしまい、ガラス棚を雑に眺めただけでこれらのご馳走を見逃していたのである。

その中のちょっと大きなウロコ目の白身の焼き魚を指して、これはなにかとオバチャンに尋ねると……。

「ああ、それね、このあたりじゃメヌキっていうんだよぉ！　お客さんは東京からかな？　あっちだとアコウダイだね。これは粕漬けだけど汁にすてもうめぇんだよ～」

というわけで、そのメヌキを追加注文したことは言うまでもない。実はメヌキとアコウダイは学術的に違うおサカナなのだ。その違いはアコウダイにある目の下の2本の棘が、メヌキにはないといった微妙なもの。昔から東北、北海道ではアコウダイをメヌキ、メヌケと呼んでいたので図鑑と市場でのズレは仕方ないから、コレデイイノダ。

「は〜い、お待ちどう様だぁ」

カウンターに中落ち丼と、メヌキの粕漬け焼き、そして味噌汁にお新香が処狭しと並んだ。その刹那「いただきます」とがっつく。それぞれのお味たるや、甘く奥深くどちらも甲乙付けがたい見事なものであった。

クロマグロの中落ちは、頬肉やハラモ（ハラス）と並んで特にうまい部位で、口の中にはんなりと広がり、そしてねっとりと絡んだと思うやいなや、旨みが弾けてガツンとくるのである。

メヌキはというと、これがねっとりのマグロとコントラストが際立つ味覚で、皮と身の間に脂がジュッとしたたり、粕漬けの深い甘さの中にほどよい塩味《えんみ》を感じながら、噛めば噛むほど魚肉の柔らかな繊維が舌先に馴染んで、それはもうたまらない。

ちなみにボクがうまそうに食していたためか、かき込んでいるそばから次々とお客さんがカウンターに着座し、ガラス棚のいくつかの食材は完売してしまった。

丸青食堂にておなかを満たし、アウガ各店舗を眺めた後に向かったのは青森駅周辺の路地である。

青森駅周には、実に絵になる古風な市場がひしめき合っているのだ。いくつかの市場を巡り、産物を撮影して中央古川通りに面するレトロな市場の入り口をくぐると、その先にはなんとも懐かしい佇《たたず》まいを見せる狭小な店舗が連なっていた。実に良い香りを漂わせており、それがまたたまらない。

「これがなす焼きね、大葉となすの間には味噌が入ってるんですよ。で、これがささげのでんぶで、こっちはホッケの干物ね。全部青森の母っちゃの味だよ」

珍しそうにそれぞれの品を眺めるボクにそう言って説明してくれたのは、こちらの『奈良おかず店』を1人で切り盛りする奈良悦子さんである。実はここ、食堂ではなく純粋なお総菜屋さんなのだが、そのお総菜がうまそうだったので、「いやぁ、このおかずにご飯も付けて、ここで食べさせてもらえたら最高なんですけど」と、ぽつりと漏らすと。

「いいですよ〜。ここで食べたいって人結構いるからね、いつもご飯炊いてるんですよ」と、笑顔で支度を始めてくれた悦子さん。儚《はかな》き願望をつい吐いてしまったが、口に出してみるものである。

悦子さんは、おかず店をお姑さんから引き継いだそうで、このお店の歴史はおそらく50年以上とのこと。市場が隣接している地の利は最高で、いつでも新鮮な食材を手に入れることができる。前記のなす焼き、ささげのでんぶ、ホッケの干物、そしてご飯に味噌汁をビール箱の上に天板を敷いた即席食卓に並べ、口いっぱいに青森の味を頬張っていると、「なんかね、このお店面白いって、遠くから若けぇ人が来てくれるんだよぉ」と楽しそうに語ってくれた悦子さん。アレコレとおかずを物色するお客さんも会話に加わり、話はますます盛り上がる。さらに、なんで食堂ではない店舗でご飯食べているの？　と不思議がりつつ、物欲しそうな顔で覗いていく観光客。

この風景、どこかで目にした記憶がある。そう、それは幼い頃に育った川崎の下町でよく見た光景だ。焼き魚、おでん、量り売りの煮豆、豆腐、あまたの食材を、おふくろに連れられてよく買いに行ったものである。

黄昏時にはそれら食材の香りがマーケット周辺に立ちこめ、おなかがグゥゥと鳴ったことを昨日のことのように思い出したのであった。忙しく立ち動く悦子さんを見つめつつ、青森の味を口いっぱいにさらに詰め込む。噛むほどに、地元に戻ったらお袋の顔を見に行こうと思った、夏の昼下がりだった。

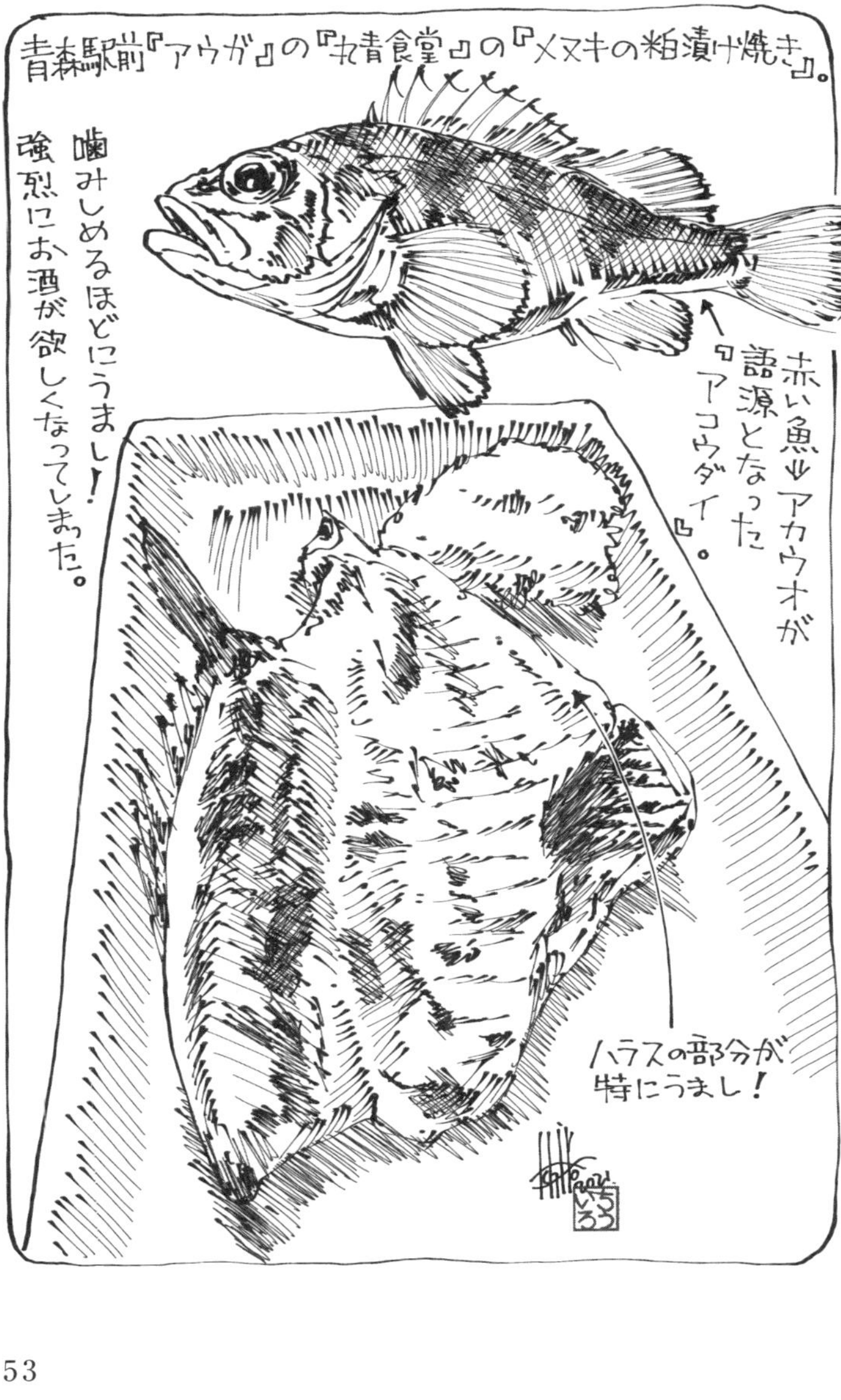
青森駅前『アウガ』の『丸青食堂』の『メヌキの粕漬け焼き』。
噛みしめるほどにうまし！
強烈にお酒が欲しくなってしまった。
赤い魚『アカウオ』が語源となった『アコウダイ』。
ハラスの部分が特にうまし！
いちろう

風待ちの港にて、ヒラメを噛みしめ男鹿しょっつる焼きそばを流し込む

秋田県・男鹿市

東北自動車道をひたすら北上し、北上ジャンクションを秋田自動車道へ分岐。一心に走り続け昭和男鹿半島ICを下車。国道101号に至ると男鹿半島は既に目と鼻の先である。海沿いに愛車をゆるゆると流す。窓を開き暖かい初夏の海風にあたると、わくわくと胸がときめく。青く輝く午後の海原がとても美しい。

そうこうしているうちに船川港に到着。ここは真山《しんざん》をはじめとする山地が季節風を防ぎ、波穏やかであるため古くから天然の良港として栄えてきた港である。江戸時代には北前船の風待ち港として利用されたため、船川港から便のいい男鹿の街には、その恩恵によって歴史的価値がある建造物が残されている。

しかし腹が減った。朝からなにも食していないので、おなかがグウグウと鳴いてうるさいのである。さて、どこかにうまそうなものを出すお店はないものかと港をうろうろすると、国道沿いに『男鹿海鮮市場』という看板を発見。まずは腹ごしらえと、気になって仕方がない市場を斜めに見つめながら左隣のお食事処『海鮮屋』へ。

厨房を奥に控えた配膳のカウンターが見える位置のテーブル席に陣取り壁に貼られたメニューを見て覚醒。男鹿産バイ貝、男鹿産サザエ壺焼き、男鹿産天然岩ガキなどの貝類に、『のどぐろの煮魚定食』。そしてかなり気を引いたのが、『海鮮カレー』と『男鹿しょっつる焼きそば』である。市場の食堂の海鮮カレーって絶対うまいに決まっているではないか！　さらに「男鹿しょっつる焼きそばとはなんぞや？」と興味津々であったが、ここは手堅く1日10食限定の『海鮮定食』を注文。

旬のおサカナがメインとなるこの定食、この日はヒラメにボタンエビ、タコ、マグロ、ハマチにイカの刺身が盛られており、まずそのボリュームにビックリ。朝獲れであるというヒラメは豪勢に姿造りである。そして定食ということで汁が付くのだが、この汁が日本海沿岸部に伝わる郷土料理『ざっぱ汁』で、ざっぱと呼ばれる魚のアラを用いた、いわゆるあら汁である。ご飯の量もてんこ盛りであったが、さらに嬉しいことにお代わりが100円なので、もし腹っぺらしの若い衆が押しかけてもきっと大満足であろう。

とにもかくにも「いただきます」と箸を構えた。勿論最初のひと口はヒラメの姿造りである。箸でつまんでワサビを乗せて醤油に漬け、ガッと口に入れて咀嚼したその刹那、ヒラメ特有の淡泊でありながらもしっかりとした味わいが広がる。嗚呼《ああ》、まさしくパラダイス。

ヒラメが古くからマダイと双璧を成す高級魚であることをあらためて認識する。

食いっぷりが面白かったのか、食事時から少しずれていて空いていたからか、「隣の市場で生きたヒラメが見られっがら、見でいっでくださいねぇ」と、お店のオバチャンが情報をくださった。定食には食後のコーヒーまで付くという至れり尽くせりだったので、コーヒーをいただきつつ、四方山話に花が咲いた。なんでもそのヒラメが一芸あって極めつきに面白いらしいのだ。

海鮮屋をあとにして男鹿海鮮市場を見て回る。鮮魚店にはブリにマダイ、この地域でアカテリと呼ばれるウスメバル、カワハギにボタンエビ、ツブガイにカキにサザエ、珍しいところではイシダイにツバメウオなどがズラリと並べられていた。

厚手のビニール素材の業務用エプロン姿が凛々《りり》しいオバチャンに話題のヒラメはと尋ねると、活魚という看板がかかったポリエチレンのイケスを見せてくれた。そ奴らはここで飼われているらしい。しかしイケスをよく見ると、なんとそこには〝危険ですので絶対に手を入れないでください〟との注意書きが。え、これって怪魚扱いではないか?

「危ねぁがらね、手出さねぁでね!　えが、よぐ見ででくださいね!」

オバチャンはそう言うなり不思議がるボクをよそに、タモ(魚をすくう網)の柄でイケスの水面をパシャパシャともてあそんだ。その刹那、水面が割れドババババババババババババッと飛沫《しぶき》が散る。

「ほらね。すごぇべ。このヒラメ、結構獰猛なんだよ！」

目を丸くして驚くボクの顔が面白かったのか、オバチャンはとても満足そうである。聞けばこのヒラメは観光客にも大人気で、こんなに活きがいいのならと、この素晴らしいアトラクションの後に売れまくるそうである。

さて、アトラクションを観せていただいたからにはなにか買わねばと、小アジの佃煮と海老煎餅、モロコシを購入。モロコシは家族への土産であるが、小アジの佃煮と海老煎餅はこの日の晩に宿で一杯やるための肴《さかな》である。

男鹿海鮮市場を後に男鹿の街から秋田県道59号線を西へ、男鹿を代表する必見スポット、門前地区の潮瀬崎に佇むゴジラ岩で日本海に沈む夕日を眺め、人生の悲喜交々《こもごも》を振り返り、感無量で再び男鹿の街へ引き返して、男鹿駅前にある『ホテル諸井』にチェックインしたのだった。

この宿、いい具合にエイジングした外観が旅情をくすぐる。現在は小綺麗にリノベーションされており、古びたものが好きなボクはそれが少し残念だが、歴史ある当時の旧男鹿駅と駅前広場を介して対面に陣取ったホテル諸井は周囲とのコントラストも秀逸で、特にその夜景は寂しさを通り越し文学的ですらあった。

さらに面白かったのはオーナーさんが日本海軍の駆逐艦マニアらしく、下駄箱に『雪風』とか『朝風』、『太刀風』などの表記があり、食堂には艦艇のハンドクラフトが飾ってあった。よく見るとナルホド、ホテル諸井の屋舎の造形も横に長く駅を背にしたシルエットは左側が艦船のバウ（船首）のようにエッジが立って、どこか軍艦のようでもある。

ロビーには昭和のホテルの象徴のようなレザー張りのソファが並び、丸いテーブルには白いレースのカバーがかけられ、窓際には観葉植物の鉢が並ぶ。そしていくらかキッチュではあるものの、各地のお土産が並べられたガラスのショーケースと壁には絵画と、まさに懐かしい時代的様式美を見つめると「これって映画のセットかな」とさえ思えてくる。

仕事柄、スクエアなデザインで画一化された、いわゆる昨今のビジネスホテルに時間ギリギリで駆け込むことも多いのだが、スローに過ごすことができる旅であるなら、いささか旅愁に浸ることができる古い宿がいい。

小アジの佃煮と海老煎餅を楽しむべく、ビールでもと、買い出しに出たが、男鹿の街の路地を行き、慌ててホテル諸井に引き返す。実は男鹿の街の各所で古き良き屋舎と出合い、それが絵になったので、焦りカメラを取りに戻ったのだ。前記したが、江戸時代には北前船の風待ち港として利用された船川港とこの街である。明治、大正と時を経てもその恩恵は続き、さらに戦災を逃れたここにはモダンな構造物が未だ残されているのだ。

それはアールデコ調のコンクリート造形であったり、江戸時代から保存されている土蔵であったり、はたまた高度成長期の頃のトタン塀に囲まれた木造長屋風のアパルトメントだったりするのだが、観光地の集客用に整えられた眺望ではなく、ごく普通に人々が生活しながら時を刻み、残された美観であった。そんな慎ましさと質素な調和を保ったこの街に強く惹かれ、シャッターを押しまくった。

男鹿の街をグルグルと巡り、どうにも腹が減ってしまい早速『レストラン園』というレストランに飛び込む。このレストラン園も例に漏れず、入り口は曲線が美しいタイルの壁で、そこにショーケースが埋め込まれ、昭和の浪漫が溢れていた。店内もパーテーションで仕切られたテーブル席に、T字の壁で区分けされた小上がりもあり、それぞれの席をブラケットランプが照らすという、幼少の時代に家族で出かけた洋食屋さんのそれであった。

気持ち昂ぶりながらメニューを覗くと、ハンバーグやエビフライ、ポークソテーなどの定番洋食メニューにタンメンや中華麺、ざるそばに月見うどんなどの麺類も豊富だ。さらにきりたんぽ定食と書かれた文字が気になったが、見つけてしまったのだ。海鮮屋で喰いのがした『男鹿の焼きそば』という文字を！

男鹿の焼きそば、もしくは『男鹿しょっつる焼きそば』とは、地元食文化である『ハタハタしょっつる』を気軽に楽しんでもらおうと、焼きそばに仕立てたご当地グルメである。昨今その名はSNSを通して海外にも知られることとなった。

そのレギュレーションは厳格で、タレを日本3大魚醬のひとつである秋田名物の『しょっつる』をベースとした塩味と醬油味に限定し、麵は粉末ワカメと昆布ダシ入りの特製麵、具材には肉を使わずに海鮮とし、タレと麵以外は各店オリジナルのレシピに仕立てるというもの。まさしくこれはジャンルを通り越した立派な〝シーフード〟である。

そんなわけで、迷うことなく男鹿の焼きそばを注文。待つこと少々、BGMになぜかKISSが流れる店内は、昭和の香りに満ちてますます気持ちをそそる。

そして平たく丸い皿に盛られた男鹿の焼きそばが登場。礒《いそ》の香りが実に食欲を刺激する。これが能登の魚汁、香川のいかなご醬油とともにその名を轟かせる日本屈指の魚醬、しょっつるの成せる業である。イカとキャベツ、そして紅ショウガの下には少し黄緑色がかってつやつやと輝く麵がどっかりと控えている。

早速その麺を口へと運ぶ。すると瞬く間に広がる塩味の中に優しい甘みがある独特の旨み。これがハタハタを天日塩で3年漬け込んだ自然発酵のしょっつるの味なのである。ワカメと昆布ダシ入りの特製麺がそのしょっつるの旨みをなお一層引き立てる。イカとキャベツの風味と食感もあいまって、これは相当やばい。あっという間に男鹿の焼きそばをたいらげてしまった。

ホテル諸井に戻り、気になっていた小アジの佃煮と海老煎餅をつまみにビールをたしなみ熟睡。いったいどれだけ食うのかよと、我ながらこの旺盛な食欲に感心しつつ幸せに快眠をむさぼった。

明けて翌日、男鹿の街から国道101号より県道121号線を介し県道55号入道崎寒風山線へ。高低差のある海岸線からの素晴らしい日本海の眺望に心奪われつつ、斜面に密集した美しい集落を過ぎると、男鹿半島の西北端となる景勝地、入道崎である。

1898年（明治31年）11月8日に点灯を開始した、高さ27・92mの入道埼灯台より水平線を見つめ、「この雄大なる綿津見の先は御露西亜国ウラジオストクとなるのだ」と思うほど、我が魂は敬慕する間宮林蔵氏や大黒屋光太夫氏を偲び熱くなるのであった。

いささかうるうるとしながらも、やはり時が来れば腹は減るもので、なんとも現金な己をふがいなく思いつつ、食堂や土産店が数軒立ち並ぶエリアへ。お品書きやポップがこれでもかと貼られた食堂『みさき会館』が特に面白かったのでこちらで『特製うに丼』をいただく。

秋田県でウニ丼発祥の店となるこちらのメニューは、甘めのタレがかかり独特の風味となっている。バフンウニの旬が終わったこの時期はムラサキウニであったが、このタレとムラサキウニの相性はなかなか見事なもので、ムラサキウニのねっとりとした甘さとほのかな塩味が咀嚼するほどに口中でタレと解け合い、一層引き立つ。

ちなみにこのお店のご主人はここ入道崎でＵＦＯの撮影に成功したということでも著名な御仁である。〝希望の方にはお見せ致します〟とポップに書いてあったので、ＵＦＯの撮影ビデオを見せていただいた。テレビがブラウン管であったその当時、そのブラウン管には確かに妖しい光が映し出され、地球外のものといわんばかりの怪しい動きに魅了された。

はてさて、うつろで摩訶不思議なソレを観るにつけ、ウニ丼の丼や味噌汁のお椀、そして小鉢までが怪しく見えてくる初夏の午後であった。

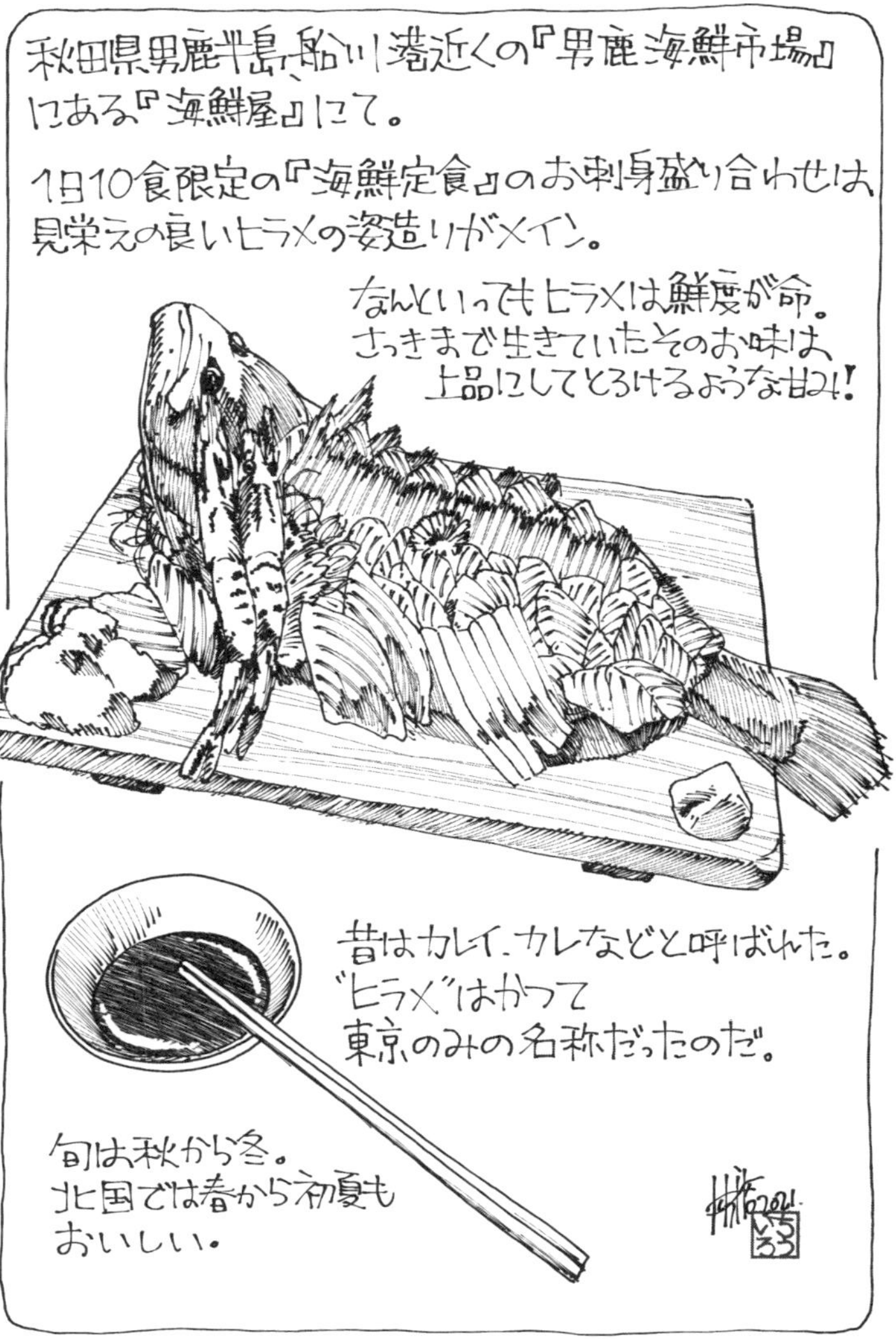
秋田県男鹿半島、船川港近くの『男鹿海鮮市場』
にある『海鮮屋』にて。
1日10食限定の『海鮮定食』のお刺身盛り合わせは、
見栄えの良いヒラメの姿造りがメイン。
なんといってもヒラメは鮮度が命。
さっきまで生きていたそのお味は
上品にしてとろけるような甘み！
昔はカレイ、カレなどと呼ばれた。
"ヒラメ"はかつて
東京のみの名称だったのだ。
旬は秋から冬。
北国では春から初夏も
おいしい。

大河川最上川と日本海が育んだ酒田の味、ダダミとニジバイガイに恍惚とする

山形県・酒田市

酒田港には小雪がパラパラと舞い、愛用のカウボーイハットのフリム（外ツバ）は少しずつ、白く染まっていく。暦の上では春となるが、厳冬期であるこの時期に、波止に立ちいちずにルアーを投げ倒している自分を、とんだ飛び上がり者だと改めて思うのであるが、手が止まらないのだから仕方ない。

ちなみにカウボーイハットのことをよくテンガロンハットと記すメディアがあるが、その表記は大いなる間違いである。カウボーイハット、またはウェスタンハットが正しい表記で、本場のショップに行きテンガロンハットくださいというとクラウン（帽体）が異様に高い（長い）メキシコのカーニバルのふん装のような異物を渡されるので要注意のこと。とにかくいちウェスタンマニア、また帽子コレクターとしても、その歪《いびつ》な呼び名は受け入れられないので、ことあるごとにいちいち訂正することにしている。

果たしてカウボーイハットに積もる雪はますます激しくなってきた。そのような思いまでしてここ酒田港でなにを狙っているのかというと、ルアーやフライのアングラー（釣り人）

にシーバスと呼ばれているスズキである。酒田の港は〝五月雨を集めて早し最上川〟と芭蕉の句にも詠われた東北有数の大河川である最上川に沿って発展している。そのため、この最上川の河口流域にあたる酒田港東埠頭はシーバスフィッシングの好ポイントとなっており、時としてランカー級（大きい）の怪物魚が釣れるのである。

「本当にね、なにも釣れねぇね」

先ほどから並んで釣っていた地元の方が、ぽつりとつぶやきながら大きなミノー（小魚の形をしたルアー）をびゅんと投げてはグリグリとスローに巻くことを繰り返している。釣れないとぼやきながら雪に降られ、それでも休むことなく釣りを続ける釣り人とは、実に酔狂な生き物なのである。

流路延長229㎞を有する最上川は、いち都府県のみを流域とする河川としては日本国内最長の流程で、その河川規模に準じて河口部も広い。さらに港湾として機能させるために浚渫《しゅんせつ》も行われており、喫水線の深い大型の船舶も忙しく行き来しているのだ。

「酒田の街は歴史が古いんだよ。徳尼公《とくにこう》ど酒田三十六人衆の話、知ってるが？　この酒田港開いだ、偉え人達なんだよ」

この最上川と酒田港の歴史は極めて古い。酒田の港は藤原秀衡《ひでひら》の妹とも後室ともいわれている徳尼公が平泉を逃れ酒田に逃げ落ちた際、藤原家の遺臣36人により開かれたと伝えられている。遺臣達は『酒田三十六人衆』と呼ばれ、その子孫らは後に酒田を代表する豪商となった。なかでも酒田を代表する廻船問屋である『鐙屋《あぶみや》』は、元禄年間、井原西鶴の『日本永代蔵』に北国一の米問屋と記されたほどである。

「新井田川さ沿って少す行ったら、酒田三十六人衆の子孫の旧鐙屋がありますよ。中さ人形どが置いであって、面白いすから」

随分と博識な御仁と思いさらに話を伺っていると、なんと、ルアーフィッシングの次に歴史が好きだという、いわゆるレキオ君であった。ボクも実は嫌いじゃないことを告げ、話が北前船の件になるとレキオ君はさらにヒートアップして、「そぉそぉそぉ。河村瑞賢《ずいけん》さんが西回り航路開拓すて、ここ酒田は北前船の重要基地になったんだよねぇ」と、激しく頷きながらおかしな挙動でキャップの小雪を振り払うのであった。

北前船が蝦夷地からのあらゆる産物を酒田港に運んでくるようになると、ここ酒田港は北前船基地としてますますの発展を遂げたのだ。

北前船は酒田↓佐渡の小木↓能登の福浦↓但馬の柴山↓石見の温泉津↓長門の下関↓摂津の大坂と長い距離を航海し、そこから江戸上方航路の樽廻船へとバトンを渡す。樽廻船は大坂→紀伊の大島→伊勢の方座→志摩の畔乗《あのり》→伊豆の下田→江戸とこれまた長い距離を航海し、米や紅花、藍、海産物などを江戸へと運んだのである。

深い歴史を背景にしたこの波止にて、ロッドを振るボクらであったが、シーバスはいっこうに釣れることなく、降りしきる雪もますますその激しさを増したので、ボクとレキオ君はついに店じまいをすることになった。

タックル（釣り具）を仕舞いつつ、腹が減ったとボクがレキオ君にこぼすと、「ほんじゃほら、あそこの角さ、『さかた海鮮市場』でいう市場があっからね。そごさいろいろなお店がありますから。あ、おら？　おらはカミサンと食わねど叱られっから」とのことで親切に情報をくださった。

これもご縁だからご馳走しますと誘ったのだが、レキオ君は恐妻家らしくトヨタのバンで走り去ってしまった。

さかた海鮮市場は酒田港に接した市場で百花繚乱の食材で溢れていた。

朱に染まったタラバガニに酒田ではシロガレイと呼ばれるカラフトガレイ、海底を這《は》って餌を探すホウボウ、ここではキンカラ鯛と呼ばれるマダイによく似た連子鯛に、庄内産のマダイ、そしてでっぷりと肉付きのよいマダラ。それらをまじまじと見て回ると、どれも艶やかでうまそう。

我慢ができるわけもなく、既にレモンの切り身を乗せ、さぁ食べてちょうだいといわんばかりの状態となっている大ぶりなマガキを購入して、それをその場で流し込んだ。

咀嚼は数回。あまり嚙まずに喉に送り込んだその刹那、力強く、激しく、甘く濃く、それでいてさわやかに鼻孔と喉を潤す海の香り。カキを海のミルクと最初に呼んだ御仁は天才であると確信したのであった。感動しつつ2個目もぺろりで、鮮魚コーナーのオバチャンも笑顔である。続いて3個目といきたいところであったが「いやまてよ、これ、日本酒でいったらパラダイスじゃん」と天の声が。

果たして宿へのチェックインを急ぎ、まだ食べ足らずにグゥと鳴るおなかを押さえ、酒田の街を雑にうろつくと『兵六玉』という居酒屋があり思わず駆け込んだ。さきほどのさかた海鮮市場からも徒歩で10分ちょいのお店で、最上川沿いの港湾地区からも近いので、これは旬のいい魚が期待できる。

「これ、タラの白子。この辺でダダミっていうのね。ポン酢で最高だから。それとこれはガサエビ。昔は漁師しか食べなかったんだよ。唐揚げが凄くうまいんですよ」

脱サラで身を起こし、地域密着のお店として30年以上、日本海で捕れた旬の食材を提供し続けてきたというオーナーの白崎さんが、まず最初に出してくれたのは、ひと口で天に昇りつめてしまうような素晴らしいダダミであった。白子は特に大好物なのだが、このダダミは格別で、口の中に入れるやいなや切ない甘みとなってあれよという間に溶けてしまうのである。

ちなみにダダミとはマダラの白子のことを意味する言葉である。京都ではクモコと呼ばれる。よく食材として比較されるスケトウダラは魚体の劣化が早いため、白子の品質はグッと落ちて、特にダダミやクモコと呼ばれることはないのだという。

ダダミの由来は、白子のその段々模様にあるという。秋田ではこの段々模様を『ダンダラ』といい、『ミ』と呼んでいる鍋に入れる具と合わせて『ダンダラミ』といったのがダダミの名称の由来とされている。

ガサエビは深海の甲殻類であるが、漁獲量が少なく漁師が自前で消費してしまうため、売り物にならないガサモノという雑な扱いがその名の起源といわれているが、ただ漁獲が少ないだけで、そのお味は決してガサモノにあらず。

特に唐揚げは殻の裏に粘るように纏《まと》わった甘みの強い身と香ばしい殻、そして濃厚なエビ味噌をいっぺんにいただけるとあって、ガサエビの真骨頂メニューなのである。ぱくりとやってカリッと噛めば、甘さと粘りがある強烈な旨みが天国へといざなう。日本酒を流し込むとこりゃまじでやばい。気絶するほど悩ましいのである。

さらに、『いかまるごと・ごろ焼き』、『どんがら汁』、地魚の刺身盛りといただき、完全に夢見心地となってしまった。ここは北のニライカナイか、はたまたアルカディアか……。がっつき、そして啜るに、「日本中を旅してるの、いいねぇ、そういや、うちにも、バイクで日本一周したっていうのがいてさぁ」と、白崎さんが紹介してくれたのが、当時このお店で働いていた五十嵐さんである。

「またここにいらしたら、きっと一緒に飲みましょうね」

旅のアレコレを語り合い、素晴らしい笑顔にて心温まるお言葉をいただいたせいか、この晩はなぜかホームシックに陥った。雲水行脚の旅を経た方の温かい言葉は、雪から変わった冷たい雨とブレンドされ心のど真ん中にジンとくるのである。

明けて翌日。雨滴はまだ宿の窓を濡らしていた。どうせ雨なのだからと釣りは諦め、脳は朝からうまいものをいただく企てでいっぱいである。

「そ~ですねぇ、『鈴政』が一番だよ。鈴政が混んでだら●×寿司、そごも混んでだら、次は▲□寿司だ」

給油で立ち寄ったガソリンスタンドでうまい寿司を食いたいと訪ねたら、なんとベスト3を教えていただけた。寿司フリークの店員さんに助けられ、迷わず一番オススメの鈴政へ向かう。こちらも昨日ロッドを振った酒田港東埠頭から遠くなく、舞妓坂という石畳が素敵な通りに面しており、さらにお店の2軒隣がドンツキで日枝神社の鳥居が聳《そび》え、砂高山海向寺も面するというどこか吉兆を感じるお店の構えであった。

「らっしゃ〜い」

威勢良く出迎えてくださったのは大将の佐藤英俊さん。凜とした職人の風貌だが、どこか優しさと人なつこさを漂わせている御方であった。

とりあえず旬のものをと頼むと、「酒田のいいサカナ、入ってますからねぇ」と答えてくれ、一貫ずつ敏速かつ丁寧に握ってくれた。で、そのネタの口上がこれまたテンポよく極めて饒舌《じょうぜつ》であった。

「ハイ、ヒラメは粗塩で、これがイチバン」

特筆すべきはその味で、コレがお世辞抜きに今まで食べたヒラメの握りの中ではイチバンの味わい。淡泊かつ濃厚という相反する味覚がミラクルである。粗塩でいただくとこんなにもうまいのか。

そして冬の酒田でしか味わうことができず、さらに新しくなければ出すことができないという、これぞ旬の中の旬。本ダラの白子と、もう涙もののうまさが連発する。むっちりとして稠密《ちゅうみつ》たる本ダラの白子の味わいは別世界を堪能させてくれた。

さらにスッパリとした味わいの中に奥深さが同居するフグと、口の中でさらりととろける極めて秀逸なる甘み溢れるアナゴをいただき、いよいよクライマックスである。正式名称アカムツ、ノドグロの炙《あぶ》りの登場である。

テラリとした甘き脂を纏ったそれは、咀嚼と同時に口中でとろける。これは白身のトロである。ノドグロの炙りに驚いてお茶を啜っていると、ここ鈴政でしか仕入れがないという幻の貝、真打ちニジバイガイが。コリッとした食感の中に濃密な旨みがぎゅうっと封じ込められ、完全に心を奪われてしまったのであった。できることならここでも熱燗をきゅっといただきたかったのだが、この日は運転して帰路につかねばならなかったので、苦渋の決断でまたお茶を啜る。

酒に酔えねど鈴政の酒田の味はボクを骨抜きにした。うまきものという幸せに泥酔しつつ、帰路についたのであった。

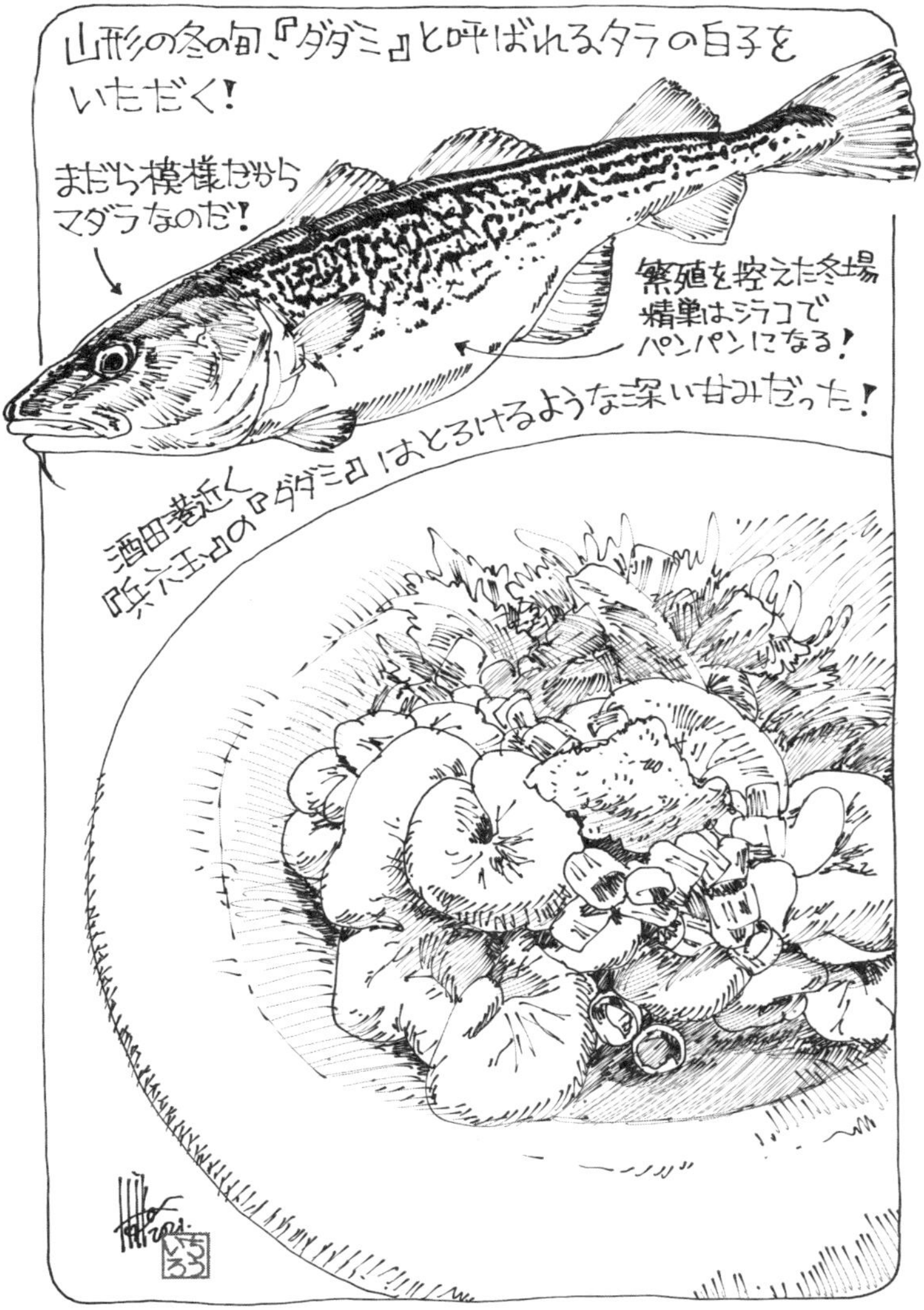
山形の冬の旬、『ダダミ』と呼ばれるタラの白子をいただく!
まだら模様だからマダラなのだ!
繁殖を控えた冬場精巣はシラコでパンパンになる!
酒田港近く『兵六玉』の『ダダミ』はとろけるような深い甘みだった!
いちろう

寺泊の浜焼きに、佐渡島のサザエの味噌焼き、ハチメのあんかけに昂ぶる

新潟県・長岡市、佐渡市

狭い路地に立ち古刹を見上げる。

その名の示すとおり、長岡市寺泊には来歴のある多くの寺がある。古くからの成り立ちを背景とした地区は美しい自然との調和を留め置き、入り組んだ細道が寺町特有の奥深さを見せており〝日本海の鎌倉〟と呼ばれていることも頷ける。

寺泊港は日本海を航行する千石船の寄港地として賑わい、佐渡島と最短距離の港町ということもあって、古くから佐渡と本土を結ぶ拠点となっていた。

寺泊港の目と鼻の先となる『魚市場通り』に足を進め、その賑やかなる景観を楽しむ。訪れたのが平日の午後ということもあって、魚の市場通りはいささかの安らぎを見せていた。

「今焼き上がったばかりだよぉ～。今日は活きのいいサバにアコウ、クルマエビにツブガイなんかがオススメね」

浜焼きのたなびく煙と香りにいざなわれ、『金八』というお店の前でグリル越しに元気なオジサンの口上を聞く。早速大きな焼きサバを購入してがぶりとやったら、たっぷりの脂が

じゅわっとお口に広がり、サバ特有の濃厚な旨みに酔いしれた。そしてぺろりと大きなサバを食い尽くしてしまった。

サバがうまかったので、すぐさまクルマエビにツブガイ、イカを注文。こちらも素晴らしい焼き上がりで、クルマエビを殻ごとバリバリとやったら、オジサンはニンマリとアイコンタクトを送ってくれた。食いっぷりを認めてくれたのだと、勝手に解釈して膨らんだ腹を撫でつつ金八の店内へ。

煙をたなびかせる浜焼きに気をとられがちなこの魚の市場通りであるが、各店舗には鮮度の高い魚がひしめいている。もちろん金八店内にもマダイにヒラメ、ブリにサワラにノドグロにメバル、アジにキンメ、スズキにカワハギなどの地産鮮魚に加え、ベニズワイガニにケガニ、イワガキにツブガイ、アカガイなどの甲殻類と貝類、そして塩マス（サクラマス）やスジコなどの加工食品が、所狭しと並べられている。

さて、おなかを満たしたところで愛車とともに海を渡ることにした。ここ寺泊港と佐渡島の赤泊港とを結ぶ両泊航路には、かつてカーフェリーが就航しており、ボクがはじめて佐渡島に渡ったのも、関越自動車道を介して北陸自動車道からのアクセスが良いこの航路であったが、残念ながらこの路線は慢性的な赤字により旅客のみに変更。そして２０１９年

5月1日についに航路そのものが廃止されてしまった。そんなわけで、愛車を駆ってゆるゆると1時間ばかりのドライブを経て新潟港へ。

佐渡汽船『おけさ丸』に乗船して甲板に立ち気を吐いていると、ジャーンとドラが鳴り、総トン数5862トンのおけさ丸がゆっくりと動き出す。バウ（船首）に装備された方向転換用のスクリュー、バウスラスターが作動するとバウが展開して、離岸したおけさ丸はいよいよ沖を目指す。

「でっかい船だから揺れないよ」

船に弱いのか、眉毛を逆八の字にして気弱な表情の幼子に父親がそう諭していた。港を守る最後の堤、沖一文字堤を越えると沖からのうねりを少し感じたが、この巨大な船にはベタ凪も同然で不快なローリングは皆無であった。父の言うことは正しいのである。

おけさ丸は藍色の日本海に白き航跡を残し佐渡島は両津の港に向かう。これより2時間ちょっとの快適な船旅である。少し疲れたのだろうか、ゴンゴンと静かに響くディーゼル機関の振動が心地よい子守歌となって、崩れるように眠りについた。

両津の港に着き、おけさ丸はバウのランプウェイの巨大な扉をスローに開き、内臓にしまっていた車両をその大きな口から1台、また1台と吐き出していく。ボクと愛車も他車同様に少し錆びた鉄のタラップを介し、両津のフラットなアスファルトに放たれた。

窓を開けると冷たい雨となっていた。夏とは思えない肌寒さに路肩に愛車を停め、思わず上着を羽織る。加茂湖をゆっくりと巡り、その風情ある佇まいに癒やされ国道350号をさらに南下。やがて道は、ここが孤島であったのを示すように、うねうねと細くなり、雨はより激しくフロントウィンドウを叩く。

宿根木《しゅくねぎ》という地区に至り、クルマを降りると、まるでカステラに包丁を入れたような、極端に狭い道で仕切られた密集村落に目を奪われる。江戸時代以降、北前船の西廻り航路の寄港地として繁栄した宿根木は、多くの船主や船大工で賑わったという。舟板を用いて船大工が腕をふるったという家々のその造形は、また、昔ながらの天然素材で構成され、狭い三叉路に沿って極端な三角形に造られている家もあり、ただ見ているだけでひたすら面白かった。

明けて翌日。朝日にキラキラと輝く海原をのんびりと眺める。

外海府《そとかいふ》海岸を望むお宿、『海府荘』にて、浴衣のままゆるりと朝食をいただく。実はここそが佐渡島に渡ってきた目的であり、約束の地なのである。こちらは、佐渡の海鮮を存分に味わわせていただけると評判の宿なのだ。昨日は遅いチェックインとなったので、メインとなる晩飯はまだいただいていないが、今宵がとても楽しみなのであった。

畳の上に寝転んで行動予定を考える。島に来たからには漁師さんの取材をしたかったのだが、とくにツテがあるわけではなかったので、ダメモトでとりあえず土地勘のありそうな女将さんに、知り合いに、取材に応じてくださる漁師さんはいませんかと尋ねると、「それならうちのおじいちゃんがこれから漁に出るって言ってたから、話してみますね」とのことで、話はトントン拍子に進んで、サザエ漁の取材をさせていただけることとなった。話はしてみるものである。

早速カメラを用意して小高い丘に建つ海府荘より、微風にてベタ凪の漁港へサンダル履きでペタペタと向かうと目指すスロープ（出船用の斜面）に、出船準備をしている方々を発見。和船の板子の上には、長い柄のあまたの銛《もり》が用意されていた。

「これはね、サザエを捕る銛でね、これは海藻を採るものでね」

百花繚乱の形状のそれらを、ひとつひとつ丁寧に説明してくれたのは、こちらの和船、『第一豊丸』の持ち主である地多豊さんである。お隣には奥様のチヨさんがサポートに寄り添い、船はスロープからゆっくりと下ろされた。

「この辺は海が凄くいいから、そんなに遠くないところでも貝がたくさん捕れるんですよ」

というわけで、目と鼻の先がまさにプロの好漁場であると聞き、カメラに望遠レンズを装着。少し離れた波止の上から、お仕事の様子を撮影させていただくこととなった。

地多さんはテーラー（操船棒）を操り、ボクの十数m先に定位してハコメガネを覗きながら器用に櫓《ろ》を漕ぎ、その狙いを定め、スッと長い柄の銛を構えて、そのままサクッと辛いお水の中に入れたかと思うと、あれよという間に良型のサザエを確保。その卓越した職人技にカメラを構えたまま、思わず声が出てしまうのであった。

その後、次々にサザエを捕り、スカリ（網）を張ったバケツに投入する地多さん。その動作はとても流麗で手際よい。暫くするとこちらにニッコリとアイコンタクトをくださり、船外機にブルルンと火を入れ、蒼い海に一条の白い航跡を画《えが》きながら颯爽とスロープに戻っていった。

「ここいらのはいい潮があたるから大きく育つよ。外側のサザエはね、もっと棘が大きくてさらに大型になるんですよ」

そう言って特大サザエを、大きな樹脂の箱にゴトリと収めた地多さんであった。

その後佐渡島の周遊を経て海府荘へと戻ったボクを待ち構えていたのが、嬉しいかな、今朝の取材で地多さんが捕ってくれた海の幸の数々であった。極彩色を放ちテーブルを埋め尽くす佐渡の海の恵みに、目を細めてしまう。

まず真っ先にいただいたのがサザエの壺焼きであるが、これは味噌味で仕立てたもので、関東人のボクにはとても珍しかったが、食してビックリ。味噌の風味がサザエの甘さをより際立たせており、これはもういくらでもいただけると納得。ただただ夢中でがっついたのだった。

つぎに箸を走らせたのがアワビの磯焼きである。アワビは加熱した方がうまいというのがボクの持論であるが、そんな加熱信者が涙する仕上がりで本当に涙が溢れるのではないかと、ハンカチの用意を心配したくらいである。じっくりと焼き上げたアワビは極めて柔らかく、より甘く深い味わいをもって舌に絡む。これはもう海の特上ステーキといっても過言ではないだろう。

さらにイワガキをいただく。口がとろけるとはまさにこのことで、なにしろさっきまで生きていた品である。海のミルクと称される生ガキであるが、その濃厚なる味わいは極上のものである。抜群の鮮度が身の甘さとワタのほろ苦さ、そしてクリーミーな食感を際立たせている。

お造りの盛り合わせにはブリ、マグロ、イカ、そしてアワビ、サザエが盛られ、貝はともにワタも切ってくれた。新鮮でなければできない仕立てである。勿論激ウマで、アワビ、サザエは加熱したものとことなり、コリッとした歯触りで、より強く確かに磯の香りと甘みが伝わる。ブリやマグロも通常に流通しているものとは脂の乗りが格段に違う。甘い脂が封じられた魚肉の繊維は、噛むほどに旨みがとろけだし、イカもむっちりとした濃厚な味わいをみせる。

怒濤のお造りに続き、アカガレイの煮付け、クロバチメの中華風あんかけが並ぶ。アカガレイは佐渡ではよく食されるおサカナで身が締まってムッチリとした肉質で、甘辛いタレにアカガレイの出汁が絡んで、ご飯にも酒の肴にも相性抜群である。

ハチメとは佐渡でいうメバルやソイなどの根魚の総称で、こちらの中華風あんかけの大きなおサカナはクロソイであるゆえクロバチメと呼ばれる。ただでさえおいしい〝北の鯛〟と呼ばれるソイを、中華風あんかけに仕立てることによって、もともと味が深いソイが、より甘くより深さを増していた。

御膳上等なる海の幸を喉に運ぶ供奉たるご飯は、食物繊維、タンニン、カテキンなどの機能性成分を豊富に含んだ佐渡の赤米である。つやつやと輝き、ふっくらと炊きあげられたそれは、ほんのり甘い。

ちなみにこれら料理の数々は今回注文に応じて作ってくださったもので、通常メニューとは別物である。しかしながらそのおいしさにはビックリなので、こちらにお邪魔した際には是非お願いしてみることをオススメいたします。

さて、食後には嬉しいかな、地多さんと現在海府荘を賄うご子息の正光さんが晩酌に訪ねてくださった。この海府荘の棟を地多さん自身が設計なさったことを聞き、ちょっとビックリだった。

「実は昔、予科練から戻ったら、実家が火事で焼けちゃってね、それで大工になりなさいって母親に言われて、大工になったんだけどね、2級建築士に挑戦したらまぐれで一発合格だったんですよ。それでずっと設計士で頑張って、60過ぎて引退してからの漁師だから、まだまだこれからですよ」

そう言って謙遜しながら笑う地多さん。さらに聞けば、戦後の混乱期に、6人の兄弟も養ったというから2度ビックリなのである。建てて、育てて、設計もして、そのうえ美味なる貝まで捕っちゃうなんて、恐るべし昭和ヒトケタの御仁なのである。

黄金の島、佐渡島の最終日に聞けたこの話こそが、まさしく黄金である。さらに地多さん親子の笑顔も黄金のようであった。

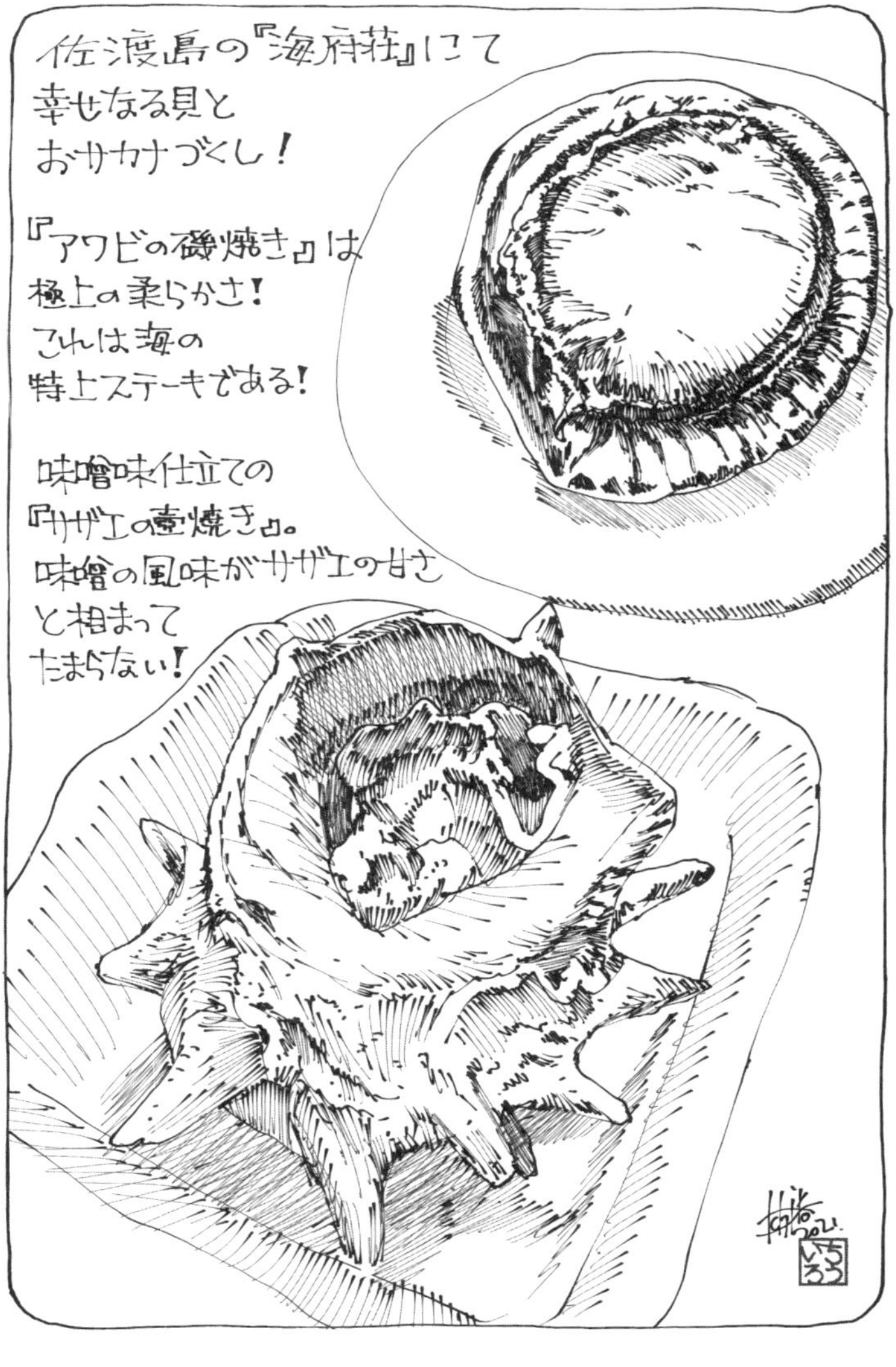
佐渡島の『海府荘』にて
幸せなる貝と
おサカナづくし！
『アワビの磯焼き』は
極上の柔らかさ！
これは海の
特上ステーキである！
味噌味仕立ての
『サザエの壺焼き』。
味噌の風味がサザエの甘さ
と相まって
たまらない！

イワシ塩焼き、キンメの煮付け、生メバチマグロに喜々とする

千葉県・銚子市

古くから港町として栄えた銚子市は、日本3大漁港のひとつであり全国第1位の年間水揚量を誇る銚子漁港を有するおサカナの街である。

街の各所には華やかなりし時代の興隆の跡が残り、古い建物をところどころに見ることができる。そんな銚子の街が大好きで、ここを訪れるたびに、カメラ片手にフラフラとフォト散歩に出ることが楽しみなのである。

なかでも風情ある書体で『銚子市公正市民館』と書かれた建物は、丸い門柱とそれに支えられたアールがかったキャノピー（天蓋）、細長い窓枠などがとても素敵である。

また、銚子駅前交差点に沿ってアール状に佇む、ヴィンテージ感たっぷりの『油屋金物店』も素敵な建物だ。建物も立派だが、中に置かれている秤などがいい味を醸し出している。

「この秤はね、70年も前のもので、昭和27年に職人さんに頼んで切削してもらってね、匁《もんめ》をキロに書き換えたんですよ」

店内に鎮座する秤の来歴を語ってくれたのは、創業明治40年（1907年）、約110年

の歴史がある油屋金物店を切り盛りする宮内さんご夫婦である。中島飛行機の下請け工場があったため激しい空襲があったこと、2011年の震災では建物が少し傾いたので補強したことなど、ご夫婦はこの建物や街に刻まれた歴史を教えてくださった。

油屋金物店が建つ銚子駅前交差点を後に向かったのは、この街のアイコンともいえる施設、銚子漁港である。

銚子魚港は多くの仲買さんで混沌とした賑わいであった。はやる気持ちを抑え漁協事務所を訪ねて取材許可をいただく。予定調和なしの旅といえども黙って撮影を敢行するわけにはいかない。

入札中のセリに近づくと、なんとそこには朱に染まった高級魚がズラリで、右も左も見渡す限りのキンメの嵐。真っ赤なそれは煌めきを放ち、なまめかしく輝いてボクをいざなった。夢中でシャッターを押すも、トレーを引く仲買さんの邪魔にならぬよう周囲を警戒する。忙しい漁港では邪魔にならぬよう、常に立ち位置を確認しなければならないのだ。その気遣いが気に入られたのかどうか定かではないが、初老の仲買さんが突如、「お兄ぢゃん、写真がい？　今日は波止にマイワシの曳き網船がづいでるよ〜」と、年季の入ったダミ声で教えてくれた。銚子といえばマイワシである。その水揚げの瞬間を捉えるべく、波止へと走りを入れた。

ゴゴゴダダダと、波止には水揚げ用の起重機とディーゼル機関の爆音が響いていた。大型曳き網船が着岸し、舷側に沿って大型の鮮魚トラックがズラリと並んで荷揚げの順番を待っていた。その先でイケスを積載したトラックが目測で起重機の横に素早く停車。起重機がせり出し、乗り子（船員）さんが介助して巨大なすくい網の底を解除すると、これでもかと目一杯詰まったマイワシが怒濤の落下を始める。キラキラと新夏の陽射に照らされて輝くそれはまるで銀粉のシャワーのようだ。

セリに戻ったら、先ほどの初老の仲買さんがニッコリ微笑んで写真は撮れたかと問うので、あれこれと語らううちに、とてもおいしいイワシを食べさせてくれるお店があることを教えていただいた。早速そのお店に向かい『香海』と書かれたのれんをくぐり店内へ。

「う〜ん、惜しいよね、5月の終わり頃に来てくれたらもっとおいしかったんだけどねぇ」

そういいつつイワシづくしのあれこれを出してくれたのは香海を切り盛りする畠山智さんとお母さん。智さんは元網元なので銚子の魚に実に造詣が深くしゃべりも饒舌で、時が経つのを忘れてしまった。しかし、もう少し時期が違えばもっとおいしかったのにと言われたマイワシであるが、これがご謙遜ですこぶるうまかった。『イワシ塩焼き』は、パリッとした焼き上がりでモシャリと歯ごたえ良く、身が締まりマイワシ本来の甘さと脂のうまさを存分に堪能できる。ワタもまるっと食べられて実に甘い。粘りのある卵は絶品だ。

鮮度抜群の『イワシ刺身』は、「えっ?」と思うほど魚肉の質感がしっかりとしている。皮を引かれた刺身は、皮と身の間に広がる旨みのある脂が白い膜のようになっており、ひと目見ただけでその脂の乗りがわかる。ひと噛みしたその瞬間、その強烈な旨みを伴った脂が身と共に口の中で溶けて広がる。

「なんつったらいいのかな、入梅のマイワシは『入梅いわし』っていわれてさ、骨もガリガリしないんだよね。柔らかくてもっと脂も乗ってね、とにかく凄いんだよ」

熱く語る畠山さん親子。それほどならと次は梅雨入りに是非とも訪れたいという旨を伝え香海を後にした。

さて、銀ピカのマイワシをいただいたのなら、セリに並んでいた深紅の高級魚、キンメもいただかねば、と改めて気合いを入れた。されどおなかはパンパンなので、地元で〝銚電〟と呼ばれる銚子電鉄を訪れ胃袋の消化活動に勤しむ。

赤字路線ということでウェブサイト上で〝電車修理代を稼がなくちゃいけないんです〟という悲壮感漂うテキストを掲載していた銚子電鉄。切なる願いが届いたのか、現在日本全国から旅好きの面々が訪れて話題となっている。未だ赤字のため低速度低出力、かつぐらぐらと揺れるが、のんびりゴトゴトと風情のある街を、タイトに迫る森や畑の中を走る銚子電鉄は、確かに味があってこのうえなく素敵である。結局ボクは全駅制覇を果たし、奇妙な満足感に浸っていた。

おなかも充分に減ったので銚子電鉄にあやかってゆっくりドライブしつつ、本銚子駅から細道坂道をゆるゆるうねうねと行き『割烹いとう』へ。勿論、キンメをいただくためだ。料亭のような造りの割烹いとうの店内は、銚子の他店と比べ、どこか雅やかだが、アットホームな接客が嬉しい。実際、地元のお客さんで常に賑わうお店である。

店長の鎌形寧範さんに、『金目鯛の煮付け』、『銚子釣りきんめの干物』、『金目鯛のしゃぶしゃぶ』を注文。鎌形さんはそんなに食べて大丈夫だろうかと、少し心配の表情であったが無問題。ボクはおいしいものほど底抜けに食すことができるのだ。

さて、しばらくすると、いかにも造りが堅牢な座卓にズラリとメニューが並んだ。どれも深紅に染まった立派なキンメが食材で卓上は壮観である。

「注文をいただいてから濃いめ、かつ甘めという特製のタレで約10分煮てお出ししてるんです。冷めると砂糖の影響でどうしても身が締まってしまうので、熱いうちにどうぞ」

とのことで、まずは定番の金目鯛の煮付けに箸を付ける。濃いめの煮汁がしっかり絡み皮はトロリ、身はしっかりとしつつもホロホロで申し分なき仕上がり。強烈にうまい。これではご飯が無限に進んでしまうではないか。

ちなみに割烹いとうのおサカナはすべて鎌形さんが毎朝市場で目ききしたもので、なるほど、仕入れの時点からおサカナの格が違っていたのである。

お次はお楽しみの、銚子釣りきんめの干物と金目鯛のしゃぶしゃぶであるが、実はこの2品は完全予約制となっているメニューなので、あらかじめ連絡を入れておいた。

釣りキンメとは、釣り漁、もしくは〝深海一本釣り〟と呼ばれる漁法にて上げられたキンメのことで、深海にエダス仕掛けを300m以上垂らして電動リールで釣り上げる漁である。網と違い釣り漁は魚体に傷を付けないので、浜値も張るのである。

勇み銚子釣りきんめの干物を口に運ぶ。干物にすることでしつこさがなくなり、さらに相反する濃厚な旨みも蓄えたきんめの干物は、ひと口やったらふっくらジューシーな味わいである。さらにパリッと焼きあがった皮の食感も最高。

とどめは金目鯛のしゃぶしゃぶである。キンメは比較的火の通りが早いのでさっと出し汁にくぐらせる。それをぱくっとやった刹那、口中にほわっと甘みが広がる。これぞキングオブしゃぶしゃぶ。本当にうまい。しいていうなら温かな刺身であるが、刺身よりも食感が和らぎ甘みもとても強くなっている。

結局全品ぺろりとたいらげた。お店の方々は「よく食った！」といわんばかりの満面の笑みで送り出してくださった。

明けて翌日。ビジネスホテルからの眺めは青く抜けた好天である。銚子に来たからには地のおサカナを食うのであるからして、当然素泊まり。まずは腹ごしらえ前の散歩ということで、観音駅付近の鮮やかな紅い五重塔を目指し、地元の方々に『飯沼観音』と称され愛される『円福寺』を訪ねる。

円福寺は坂東三十三観音霊場の第27番札所となっており、伝承によると、ご本尊の十一面観世音菩薩は漁師さんが神亀元年（724年）に網ですくい上げたものだという。

ちなみに日本全国津々浦々の漁師町や港町のお寺には、ご本尊様が流れ着いたり網にかかったりするシチュエーションの伝説が多々あるが、流れ着くもの、来るものを拒まない、あっけらかんとした漁師町や港町の気質を感じる話である。

さて円福寺で欲張りなお願いをした後、こちらより海に向かって最寄りの『生まぐろ専門店 久六』へ。銚子漁協第一卸売市場の対面となるお店なのでアクセスもとてもわかりやすい。ここは生マグロ1本買いのお店で、食材となるマグロは一度も冷凍されていないため細胞が壊れづらく、ねっとり感があって最高に美味なのだ。

「息子が買い付けで主人が調理担当、私が注文や配膳と親子でやってます。生マグロに拘《こだわ》りすぎちゃってるから、部位によっては品切れになって出せないこともあるんですけど、お客さんに喜んでもらいたい一心で旬のおいしいマグロを用意してます」

親子経営は人件費削減で「より良いマグロを仕入れるため」と、笑いながら話してくれた奥様の山口希久枝さんである。ご主人の祥一さん、ご子息の太士さんと親子3人でこのお店を育て上げてきた。こちらのオススメはなんといっても、生マグロのヅケである。ちょうどメバチマグロの旬であったので、迷わず『生めばち鮪A上づけ定食』をお願いする。

生めばち鮪A上づけ定食には巨大な上中トロ3枚、同じくすこぶる大きく切った上赤身3枚、そしてマグロのあら汁、マグロのしぐれ煮とご飯がセットになっている。まずは上中トロを舐めるようにいただく。さすが生メバチである。冷凍物では決して味わうことができないねっとりとした食感と深い旨みが甘辛いタレと絡んで、狂おしいほどうまい。

「注文をいただいてから醤油ベースの約20年間継ぎ足してきた秘伝のづけタレに、鮮度抜群のお刺身を10秒間くぐらせてお出ししてるんです」

なんとづけ時間はわずか10秒だという希久枝さん。しかしながらこれが長年の研究成果で、あまりづけ時間が長いと脂分が抜けてしまい、食感も悪くなってしまうのだという。

続いてすこぶる大きく切った上赤身をいただく。こちらは上中トロよりも強さ控えめといったイメージで、あっさりした中にもしっかりと主張する深い甘さがあって、これまたとてもうまい。あっという間に完食してしまったのであった。

山口さん親子に見送ってもらい、生まぐろ専門店 久六を後にした。おなかがパンパンになってしまったので、海を眺めて少し体を落ち着けようと思い、初夏の日差しが眩しい波止を行くと「ブガブガ」「キュウ」という豚の鳴くような声が。

「でぇぇぇぇぇぇぇ！　すげぇイルカの群だ」

動転しつつシャッターを押す。よく見るとそれはイルカではなく〝幸運の使者〟と伝えられる小型のクジラ、スナメリの群だった。何頭いるだろうか？

少し落ち着きを取り戻し、戯れるスナメリの群を呆けながらうつろに追う。おいしいものとスナメリで、おなかもハートもいっぱいになった初夏の午後であった。

生マグロに拘り、仕入れのクオリティは絶対に譲れない
という『生まぐろ専門店久六』の
『生めばち鮪A上づけ定食』。
上中トロ3枚、上赤身3枚はどれも巨大で、ねっとりと
したメバチマグロと甘じょっぱいタレのコラボは最強だ！
いちろう

マグロ問屋が気魂を込めた三崎マグロとじっくりと囲炉裏で焼いた焼き魚

神奈川県・三浦市

ボクの住む地元神奈川で三崎魚港といえばマグロ、マグロといえば三崎魚港というくらい、マグロをいただくお食事処とマグロの漁業基地としての認知度が高く、その名を轟かせているのが三崎魚港である。

三崎魚港とその周辺地域の歴史はことのほか古い。小網代《こあじろ》の水谷戸《みずやと》や松輪の大畑の遺跡からもわかるように、今から約2万年前の旧石器時代には既に人々が住みついていたと考えられている。また約1万年前の縄文時代の遺跡も松輪の大浦山、三戸、諸磯《もろいそ》などに多く見られ、そこから土器や石器などの遺物が出土している。温暖で魚介類、海獣が多く棲息し、森からは木の実も採取できた三崎魚港とその周辺地域は、古代の人達にとっても生活しやすい地域だったのだろう。

平安時代の終わり頃から鎌倉時代にかけては、この地域の由来となった三浦氏の活躍が始まる。三浦氏は平安末期の武士の台頭によって誕生した氏族のひとつである。源頼義が合戦におよんだ前九年の合戦にて、源頼義側に従事した恩賞として三浦の地を与えられ、そこに衣笠城を築いたとされるのが当時豪族だった三浦為通《ためみち》で、この功勲が源氏一族代々の家臣となる三浦一族の繁栄の始まりとされている。

まさに城壁のように前面に城ヶ島が横たわる三崎港は台風にも強く、波穏やかな天然の良港である。三浦氏はその地の利を活かしてここを水軍の基地とし、海の守りを固めたのである。水軍の基地はやがて江戸時代に大漁港に成長し、三崎漁港の基礎を築く。そのいにしえの船だまりを屋台骨とし、さらに近代漁港として発展を果たしたのは1922年。現在の三崎公園付近に、近代漁業を行うための本格的な漁港が開港したのである。

その後、関東大震災の被害を受け、1929年に現在の位置である本港埠頭に機能を移転。以降遠洋マグロ漁業の基地、そしてマグロの巨大マーケットとして現在に至るのである。

ちなみにマグロといえば、こちこちに凍って真っ白になったもの、もしくはセリにかけられて横たわり、黒光りするものを思い浮かべる方が多いと思うが、実はマグロの本来の背色は濃紺から徐々にクラデーションしていく鮮やかなブルーである。それも蝶の鱗粉のようにキラキラと輝くものなのだ。

ボクがはじめてマグロを釣ったのは1991年の夏のことである。三崎魚港から少し北へ向かった長井漆山港から相模湾沖に出船する、すえじ丸という釣り船をルアービルダー（ルアーを設計するクラフトマン）として世界的に名高いＨＭＫＬ（ハンクル）の泉和摩さんが仕立てて誘ってくださったので、気合いで乗船。ラパラという当時フィンランドで生産されていたルアーを投げたら、それに２㎏ほどのキハダマグロの若魚が掛かったのである。

はじめて手にした生きたままのマグロはビタビタビタといつまでも暴れていたが、その背中の色はアオスジアゲハの鱗粉のように輝く鮮烈なブルーで、それに強烈な衝撃を覚えたのだった。

その美しさに感動を覚えた半面、テレビや図鑑などで見たものと現物とのギャップに驚きを隠せなかった。色彩の大きな違いに強い違和感を覚え、それ以来、魚の絵を描くときには自分で釣ったそれを生きている状態で写真に撮り、その生命溢れる魚の色を、できるかぎり再現するよう努力している。

余談はさておき、ボクはマグロの基地となっている三崎魚港が大好きでふらりとよく訪れる。前記した歴史の面影を残すこの漁港は少し奥に入ると狭小な路地となり、木造の古き良き建物が数多く見られ、古刹も点在してその眺望はとてもゆかしい。昨今、カフェや雑貨ショップ、家具店なども見られるようになって、そのどれもが肩肘張らないゆるゆるとした雰囲気で癒やされるのだ。

さらにとろ饅やソフトクリームなどのお手軽なものから、本格的な三崎マグロを入手できる大型の魚市場『うらり』も楽しめ、この地に来ればまず退屈することはない。

そしてなんといっても、三崎マグロを堪能できるお食事処が目白押しであることも外せない。素晴らしい味を堪能させてくれるお店が密集しているので、それぞれの店舗の味を楽しむことができるのもとても楽しい。

ボクがよくマグロをいただくのが、前記のうらりの対面、県道26号線の三崎公園三叉路の角にある『庄和丸』である。

はじめてこちらにお邪魔したのが、このお店が店舗改装した2011年のこと。お店の前でビラを配っていたお兄さんから、「うちはマグロ問屋なんで自信ありなんです。安くて絶対においしいですから」と声を掛けられ、その姿が一生懸命だったので、それならとお邪魔したのが事のきっかけであった。

普段、客引きでお店に入ることなどまったくしない。ましてやここは県内でも有数の観光地なのであまり期待しないでお邪魔したが（失礼！）、そのクオリティにビックリであった。

まず魚がうまい。それも圧倒的に。しかも安くて量も凄いのだ。これぞマグロ問屋さんの成せる業である。その口の中で溶けるマグロの味に魂の震えが収まらず「嗚呼！　お兄さんアリガトウ！」と深く感謝したことを今も思い出す。

その後、何度かお邪魔したのだが、その際に支配人の香山康敏さんが自らマグロのカマ焼きを取り分けてくれたことがあった。その折に三浦とマグロの楽しいお話を香山さんから聞くことができた。

「実は大トロこそ肉の繊維が気になるので、炙ってみたところ大正解。肉質がもっと柔らかくなって、味も甘く深くなるんです」

この炙りの大トロは、メバチマグロのおいしさをこれでもかと盛り込んだ『鮪三昧御膳』の三種のマグロのメインとして提供されている。

こちらの御膳はメバチマグロの大トロ、中トロ、赤身がどかっと男前に盛られ、マグロのしぐれ煮の小鉢、お漬け物、ご飯、味噌汁が付いてお値頃である。

実は以前の仕様では大トロはごく普通のお刺身であったのだが、前記したように、炙ってみたらそのほうがずっとおいしかったということで昨今、大トロのみがあぶりで提供されているのだ。マグロ問屋としてマグロを知り尽くしているからこその大胆なチャレンジである。日々精進を怠らない、妥協ない姿勢には本当に頭が下がる思いである。またよりおいしいものをいただけると思うと、やっぱりここに足を運んでしまうのだ。

「小鉢のマグロのしぐれ煮もね、中トロを使ってるんですよ。赤身だとね、煮ると硬くなっちゃうからね」と、香山さん。箸休めのメニューにもこの拘りようである。なんという細やかさであろうか。しかしその気立てと優しさこそがこちらの魅力なのである。

御膳もの、つまり定食には前述の鮪三昧御膳の他に、『煮魚御膳（魚は日替わり）』、『焼き魚御膳（魚は日替わり）』など幾多のメニューが並ぶが、そのどれにもマグロの中トロと赤身が付いてくるので、旬のおサカナとマグロを同時に楽しめてお値打ちである。

さらにメバチの各部位が並び色合いが美しいにぎり寿司、『鮪づくし御膳』やグッとお値頃になる『鮪の三種丼』、『特選まぐろ漬丼』をはじめとするドンブリもの、『本鮪のかま焼き』、『かま肉のサイコロステーキ』、『鮪ユッケ』などの一品もの、『鮪の心臓』、『鮪の胃袋』、『鮪の卵』といった、漁師の特権だった珍味も用意されているので、「ちょっと変わったもので一杯やりたいんだけど」なんていう食通にもオススメだ。

さて、庄和丸が店舗を構える三崎からクルマで7分ほど県道215号線を東に流すと毘沙門湾に至る。追われた盗賊が断崖の先まで進み身を縮み上がらせ、あっさり捕らえられたとの民話がある盗人狩などの絶景奇岩がそそり立つその様は圧巻で、『かながわの景勝50選』にも選ばれる景勝地である。

この毘沙門湾に面し、オトナの隠れ家といった佇まいを見せるのが『毘沙門茶屋』である。ここを訪れた方は、まず素晴らしいシークレットガーデンに魅了されることだろう。雑木林が迫る山沿いに配置された飛び石を行き、山の香りに癒やされての入場はちょっとわくわくとする。

庭園のすぐ際は、山の様々な栄養を海に運び魚を繁殖させるために、人の手で管理されている魚付林である。そこからは様々な野鳥のさえずりが聞こえる。少し湿った地面には木漏れ日が射してアカテガニがちょろちょろと動き回っていた。

この庭園は神経質に手が入れられたものではなく、どちらかというと自然の繁殖に任せたものだ。不自然に作り込まれた景観ではないからこそ魅力的なのだ。

眺望はそのまま古民家風の毘沙門茶屋の玄関口まで続く。玄関の少し手前には囲炉裏が設置されており、薪がくべられ一筋の煙が立ち上っている。薪には香りのいい桜の木だけを厳選しているそうだ。燻されているのはアジやサバ、イサキにカマスなどの旬のものである。これらのおサカナは同店の看板メニューである『イロリで焼いた焼き魚』として提供されるのだ。ちなみにこの日はマアジであった。

イロリで焼いた焼き魚はただ燻すのではなく、忙しく返して〝焼きがらす〟という、遠赤効果を最大限に活用した手間により、深くおいしく焼き上がるのである。

「囲炉裏は手間ですけど、おサカナが凄くおいしく焼けるって大好評なんですよ。お客さんによっては、ひとかけらも残さず、バリバリと全部食べちゃう人もいらっしゃるんです」

そう語ってくださったのは厨房担当の御主人、古屋孝さんとの二人三脚でこちらのお店を切り盛りしてきた奥様の幸子さん。イロリで焼いた焼き魚は定食をお願いすると、ご飯に味噌汁、漬け物と小鉢の付いたセットメニューとしてくれるのも嬉しい。勿論、定食でいただいたことは言うまでもない。

さて、燻されたマアジを存分に堪能しつつ、秘密の庭園に勝るとも劣らない枯淡の趣ある店内に掲げられたボードを見ると、そこには『シコイワシ南蛮漬』と『イワシ煮（マイワシ）』としたためられていた。シコイワシ、すなわちカタクチイワシは足が早く管理が大変なので、専門店でない限り実は取り扱いがあまり見られないおサカナである。

早速注文して頬張る。酢の酸味が効きつつ、しっかりイワシの甘みが味わえるシコイワシ南蛮漬と、箸で簡単に身がほぐれるようになるまでコトコト炊かれたイワシ煮は本当においしい。うっとりと目を細めるボクであった。

さらに咀嚼するほど甘い身とワタの苦みを楽しめるサザエの壺焼きにもすっかり魅了さ

れてしまった。これはいくつでも食べることができる。

また、運が良ければいただける、ところ天とクリームあんみつも絶品である。こちらは古屋さんご夫妻がこつこつとテングサをついて大変な手間を掛けた本格的なもの。口中に導きチュルリと吸い込んでプルッと来たその瞬間、口の中に広がる寒天の食感はしっかりとしたもので、他では絶対に味わえないものだ。

完食して天にも昇るような気持ちになってしまったボクであったが、昔ながらのシンプルな食材がこつこつと人の手にかかれば、こんなにもおいしくなるのだということを身をもって体験した。

窓から見える毘沙門湾は午後の日差しを受けて、キラキラと煌めいていた。さて、食後の散歩はどこまで足を延ばそうかとのんびり考えていると、トベラの木々生い茂る小高い丘からピッピリリ、ピッピリリとキビタキのさえずりが聞こえる。

それにいざなわれ、囲炉裏の煙が未だ白くたなびく庭園へと足を運んだ。

メバチマグロのおいしさを、これでもかと盛り込んだ
『鮪三昧御膳』。大トロは大胆に炙りで提供！
マグロ問屋でもある
『庄和丸』のマグロを
知りつくした逸品だ！

駿河湾漁港定食ラリーにてサクラエビ、シラス、特上のサバ開きをいただく

静岡県・静岡市、富士市、沼津市

川崎の自宅より東名、新東名と連絡し、愛車にて駿河湾沿岸を目指す。

釣りが趣味であるボクにとって、通い慣れたフィールドとなる駿河湾一帯であるが、由比港より時計回りに東に上れば、多少食事時間が詰め詰めとなるが、朝昼晩と三食の漁港定食を比較的効率よく堪能できるのだ。

この循環を〝駿河湾漁港定食ラリー〟と名付けたい。

さて、まず最初にエントリーするのが、サクラエビで有名な由比港である。

東名高速道路富士川インターを下車。県道396号線を海に向かい国道1号へ。駿河湾を眺めつつ、由比漁港交差点を左折すれば、サクラエビのオブジェが出迎えてくれる。由比漁港である。

ここでの目的はただひとつ。旬のサクラエビを由比漁協が経営する『浜のかきあげや』でいただくことである。営業も朝8時からと早いのでスタートに最適だ。

サクラエビは、体長4㎝前後のエビ目、サクラエビ科に属する小型のエビである。朱に染

まった体色が印象的だが、あれは干された状態での色で、生きているときの体色はほんのりとピンクがかった透明だ。〝桜〟の名はこの色に由来しているのだ。

ここ駿河湾および、東京湾、相模灘、また台湾東方沖にも生息するが、漁獲対象となっているのは駿河湾のみで、まさにご当地ものといえよう。

深海性のサクラエビは深海の中層を群れで生息している。日中は水深200～500mの深さに定位して、夜になると水深30～60mの中層付近まで上がってくるのである。

そんな性質を利用して夜間に出漁し、比較的浅い水深で網をかけて捕獲するというサクラエビ漁は、とても合理的な漁法といえる。

カメラ片手に由比港をゆるゆると散策すると、板子の上で大きな漁具の手入れをしている漁師さんがいらしたので、写真を撮らせてくれと頼むと、「もっと色男を撮ったほうがいいらぁ～」と、照れて笑いなさる。

続けて「ずいぶん大きくて立派な網ですね」と問いかけるボク。

「だいたいね、たぶん全長で100mぐらいじゃねぇかなぁ、でね、エビが入る筒みたいになっている部分が20～30mかなぁ」とのご説明であった。

感心しつつ、大きなウインチに巻かれた網をまじまじと眺める。これで大量のサクラエビを捕獲するのである。

日本国内のサクラエビの水揚げ量の100%がここ駿河湾である。漁期は3月から6月までと、10月から2月までの二期で、6月11日から9月30日までは禁漁と定められている。ここ由比港のサクラエビ漁解禁は3月28日からである。

サクラエビ漁の歴史は意外なことに浅く、明治27年(1894年)に、ここ由比の漁師さんがアジの網引き漁に失敗し、網を通常よりも深く潜らせてしまったことが発端だ。網入れが深すぎたので、深海のサクラエビの泳層に届いてしまったのだ。

サクラエビを早速いただくべく、スタンダードな『かきあげ丼』をチョイス。これぞ王道メニューである。

販売所兼厨房の窓口から受け取り、厨房横のテラスのテーブルへ。かき揚げを箸で口に運ぶと、いきなりサクッとした歯ごたえで口の中で弾け、なんともいえない香ばしさと甘さが舌の上で踊り始める。

汁のしみたサクラエビのかき揚げはサクサクとした中にふんわりもっちりとした感があり、嚙むほどに甘さと香ばしさが広がって、さらに甘じょっぱいタレの味が加味されると幸福感は頂点である。

「実はツナギが難しいんですよ～。良い油をたくさん使うことがおいしく揚げるコツね」

これは厨房にて奮闘する漁協のオバチャンのお言葉。

巨大なかき揚げの場合、天下のサクラエビが惜しげなく練り合わされているとはいえ、ツナギが悪いと油を吸ってしまい油っこい感覚となって胸焼け必至である。しかしこのかき揚げは齢56歳のボクにして、まったく問題なしである。

さらにそのサクラエビの鮮度が飛び抜けていることも忘れてはいけない。なにしろこのサクラエビは生食用だ。これ以上の鮮度を望めないものをかき揚げにしているのだから感動的にうまいのである。

さて偉大なる食紀行〝駿河湾漁港定食ラリー〟の次なるポイントは田子の浦漁業協同組合が経営する『漁協食堂』である。

前記の由比港より、国道1号富士由比バイパスを、駿河湾沿岸に沿って時計回りで東に約20分足らずで田子の浦港に到着。実にシンプルなルートである。

田子の浦港といえばいわずもがなシラスで、こちらのシラス漁の歴史は木造の無動力船の時代にまで遡る。帆船はなんと昭和30年代頃まで用いられていたという。

現在では４００～８００馬力のディーゼルエンジンを装備し、巻き取りローラー（ウインチ）や魚群探知機などの最新装備を艤装した4～6ｔほどのＦＲＰ漁船が主力である。
また魚網も麻、綿糸といった植物性素材から、水に強く耐候性があるクレモナというナイロン系の混紡糸で編んだ丈夫な素材に替わり、効率的な漁を果たしている。

さらにここ田子の浦港のシラス漁は一艘曳きに拘っている。二艘曳きのほうが大型の網を曳けるので、その漁獲量がより多くなることは明白だが、二艘曳きに比較して一艘曳きは網もひとつ、巻き取りローラーもひとつで手間が半分なのだ。

網掛けから曳き上げまで、その所要時間はなんとわずか15分である。この拘りが田子の浦港のシラスの安定したうまさと新鮮さを支えているのだ。

その肝心のシラスであるが、シラスとは個体名称ではなく、3㎝以下のイワシの稚魚の総称であることをご存じだろうか。

一般的市場に出回るものはマイワシとカタクチイワシの稚魚が多い。少し大きく成長したものをカエリ、カヘリゴ、カチリなどと呼ぶ。

前記のように極めて小さな魚体であるから、漁に使う網も特別なシラス網となる。シラスがこぼれないよう末尾が二重になった目の細かい網でできているのだ。

そんな拘りの漁によって抜群の鮮度で運ばれてきた田子の浦港のシラスを食すべく、漁協のオバチャンになにがオススメですか？　と尋ねたところ、「そりゃ『赤富士丼』がうまいですよ。今日も良いシラスが入ったでね〜」と笑顔で教えてくれた。

赤富士丼は獲れたてのシラスを醬油に漬け込み沖漬け風に仕立てたもので、醬油に染まったシラスの魚体が綺麗な赤みを帯びているため〝赤富士〟と命名したそう。

早速その丼を箸で飯ごとすくいガッツリと頰張る。

ムシャムシャと咀嚼すると、ツルリとした舌触りの鮮度抜群のシラスが実に食感良く、嚙む程に醬油の風味が加味された香りと甘さが増していく。

うう〜ん、これ確かに生シラスよりもうまいかも。

生シラスよりも味が深く、釜揚げ（茹でた）シラスより一層ジューシー。そういえば伝わるだろうか。思わず「うまい……」と震えるような小声が漏れてしまった。

さあ、駿河湾漁港定食ラリーもいよいよ大詰めである。

田子の浦港から県道163号線を真っ直ぐ進み、狩野川河口を目指せば約30分ほどのドライブで沼津港である。

漁業基地としてのみならず、レジャー観光ブームに乗って発展を続け、2018年には当方も審査員として参加した日経新聞の〝漁港ランキングコンテスト〟で見事日本一の座に輝いた沼津港。

ここをラストポイントとしたのは、比較的遅くまで営業しているお店が多いからで、朝一番で始まる由比港をスタート地点として、営業時間が短い田子の浦港を中へ持っていき、沼津港をフィナーレとするのが合理的である。

黄昏の沼津港はなかなか趣があり、場外には干物屋さんや煮魚専門店、マグロを中心に扱うお店など、たくさんの商店が並び、昔ながらの漁港の様子を見ることができる。

それと、沼津港へ向かう東海道支線を転用した遊歩道『蛇松《じゃまつ》緑道』や、展望施設を兼ねた大型水門『びゅうお』といった観光スポットに立ち寄るのもいい。

新規参入の食事処や販売店もそれぞれ覇気があり、新旧の沼津港を比較しながら探索するのも面白い。

沼津港は今や大人気のスポットということもあって、とても立派なお値段を掲げたお食事処が目立つ。ボクとしては漁港でいただくご飯はお値頃でなければ納得ができないので、ぶらぶらとすること暫く。

ありました！　『沼津　みなと新鮮館』という近代的な施設の中に『港食堂』という看板を発見。お値頃店舗はレトロ感を醸し出す建物ではなく、２００９年に新設された近代的ビルの中であった。

港食堂の入り口にはメニューランキングが掲示されており、とにかくその価格に誰しもがビックリすることだろう。いやはや、予期せぬサプライズを求めすぎてなるべく古びた外観の店舗を見て回ったのだか、灯台もと暗しとはこのことか！

さらにパンフから、ひもの製造会社直営の食堂であることを知る。なんと『ひもの定食（あじ・サバ醤油干）』が500円という破格のお値段。『有限会社ヤマリ』という干物工場直営だからなし得たことで、このお値段は2021年現在も変わっていないのである。

さて、こちらにお邪魔して「なにかオススメはないですか」と尋ねる。

「脂が乗ったサバを仕入れから社長が自ら吟味して加工している『特上さば開き定食』がオススメです。表面がカリッとして中はふっくら焼き上がって、本当にうまいですよ」と、迷わず店員さんが返してくださった。

待つこと数分。焼きサバの香ばしい香りが漂い始める。

焼き上がったサバはまさしく店員さんの言うとおり、カリッと焼き上がり表面にテロリと脂の浮いたものだった。

干物は格別なおサカナレシピである。その歴史は古く、奈良時代には既に朝廷への献上品とされており、さらに時を経て江戸時代には一般庶民に広まりを見せる。

もとはといえば保存のためだった干物であるが、腐敗を防ぐだけでなく、天日と風で干して水分を飛ばし、蛋白質が分解されることでより旨みが増すという、大いなる副産物が付いてきたのである。

特上さば開き定食に箸を入れる。

ジュッと脂が浮いて皮がプリッと弾け、艶やかな身がその姿を晒した刹那、プンと香る甘くスモーキーな風味。カリッとした皮に包まれた身には濃厚な旨みの脂が回って極めてジューシー。塩加減は絶妙でサバの甘みと奥深さがさらに引き立てられている。

魚肉の繊維の歯ごたえあれど、どこまでも柔らかくふっくらである。そして、ご飯も味噌汁もおかわり自由なのだ。これを〝定食の王様〟といわずしてなにをキングといおう。

サバには異常な拘りを持っているボク、実は自分でも干物をつくるのだ。しかしながらこの大きな特上さば開き定食の味にはとうてい及ばないことを思い知らされる。

あっというまに完食して名残惜しくじっとお皿を見つめると、これが専門店の味なのだよと、焼かれたサバの頭がこちらを向いてボクに語りかける。

うんうんと心の中でつぶやいて返し、その頭をカリッとやるボクであった。

『港食堂』の『特上さば開き定食』。このサバの大きさは
特筆だ！サバは大きくなるほど脂の乗りが良くなる。
盆過ぎから特に脂の乗りが良くなり、大きなサバには背骨に
沿って脂の固まりができているほど。
魚食が激しくなり主にイワシを
食べているサバは桁違いに
脂が乗って最高にうまい！
この大きさにオドロキ！
干物屋さんの食堂だけに干物の
仕上がりは極上である！

地元に愛されるキンメの煮付けと、異端なる逸品キンメバーガー

静岡県・下田市

江戸時代には江戸と大坂を結ぶ航路、東西廻海運の風待ち湊として栄え、幕末にはペリー提督入港、ディアナ号遭難、そしてハリス米国総領事の着任など、多くのドラマチックな歴史のターニングポイントの現場となった下田市。

この地をはじめて訪れたのは5歳のときである。正月休みに家族旅行で訪れたのであるが、高度成長期の時代とはいえ父はなかなか粋な計らいをしたものだ。古刹や名所巡りは幼少の身にはとても退屈であったが、下田海中水族館では喜々としておサカナやイルカ、アシカに見入ったものである。

父は下田が大のお気に入りだったらしく、その後、何度かこちらを訪ねたことが記憶にある。さらにバイク免許を取得した10代、原付から中型二輪へとステップアップを果たすたびに下田に巡礼を重ねたのだった。ここはいわば思い出の郷なのである。

ちなみに生まれてはじめて伊豆半島一周を達成したのは、高校2年生の夏である。そのときの愛車はヤマハのＭＲ50だった。これが酷いポンコツで遠出の都度故障をするので、ボ

クのサンデーメカニックとしてのスキルはこのマシーンとともに徐々に上がっていった。

不安定な電装は雨で水を吸うとすぐにリークして、ここ下田の街で手持ちのガラス管ヒューズを全部飛ばしてしまい、タバコの銀紙にて代用を果たしたのだった。タバコの銀紙をなぜ高校生が持っていたのか疑問であるが。

そんな思い出が詰まった下田の街は、古き良きものに溢れて訪れる者を魅了してやまない。昭和の時代を思わせる商店街には年季の入ったお土産店や雑貨店、菓子店、時計や眼鏡、ヴィンテージ万年筆を扱うショップに純喫茶などが軒を連ね、狭小な路地を行くと、日本伝統の壁塗りの様式のひとつであるなまこ壁が突如現れたりと、なかなか絵になるのだ。

カメラ片手に稲生沢《いのうざわ》川の河口に出ると、初老の漁師さんが船の手入れをしていたのでちょいとお話をさせていただく。流れ着く者を受け入れ、来る者を拒まない気質がある漁港には、あっけらかんとした方が多く、気さくにお話をしていただけることが多いのだ。釣りの話、漁の話やうまいものの話で盛り上がると、「この先に面白い漁具屋さんがあるで、行ってきなせゃ」とのこと。こういうときには迷わず地元の方に従うことにしている。さすれば大抵ハッピーな結果となるのである。

「下田はキンメで有名なんだけどさ、マグロも凄いんよ」と言って巨大マグロの写真を見せてくれたのは、稲生沢川に沿った路地をゆるゆると行くとたどり着く『下田漁具』の宇都宮正員社長である。

「キンメ仕掛けで釣れるんだよ、マグロが。でね、マグロが釣れる季節には、キンメの仕掛け半分にしてマグロ釣るわけ。筑地にも卸すけど、自分で釣ったどでかいマグロを出刃で一生懸命さばいて船の上で食うわけ。それがもううめぇのなんのって」

怪物魚を釣り上げるための、あまたの漁具に囲まれた店内で、宇都宮社長は満面の笑みを湛えて仕掛け片手に勇猛な漁の話をしてくれた。

さて、下田漁具を後に向かったのが、先ほどの初老の漁師さんと、前記では割愛してしまったが、途中から会話に絡んでくださった犬の散歩の御仁が口をそろえて「おいしくて安いんだよ」と教えてくれた魚料理店『なかがわ』である。

「注文いただいてから作るもので、20分くらいかかっちゃうけどいいですか」と、こちらの中川泉社長。いえいえとんでもございません。とても前向きなポリシーに、こちらとしても頭の下がる思いである。

オーダーしたのは『キンメの煮魚定食』である。下田へお邪魔したら絶対に逃せないのがキンメである故、最初から煮付けのキンメをいただくと決めていたのだ。

待つことしばし、でっかいキンメがドンとお皿に乗ってやってきた。その綺麗なことよ。お皿の上で煮魚の姿を整えるのは日本人のセンスのひとつだ。

早速箸を入れると、深紅に染まった皮を纏いつつ、タレが染みたキンメ特有の白身がホロリと箸に乗る。それを口に運んだその一刻、口に広がる濃厚な甘み、ふわりとした優しい食感の中にもぷりぷり感覚が同居するこの肉質。これぞキンメの煮付けである。実にうまし、まったくもって文句のつけようがない。このひと口にて地元の方が通うという意味がよくわかった。

そんなファーストコンタクトも束の間、キンメを呑むように流し、ガッガガッとご飯をいただく。このうまいキンメの煮付けはオカズを通り越して、キンメをメインにオカズでご飯をいただくという逆転現象を招く。それほどまでにこのキンメは味わい深かった。

ちなみにキンメダイは、かつて漁師のまかない程度のおサカナでしかなかったことをご存じだろうか？　マグロ狙いの延縄漁にて、延縄を深く垂らしてしまった際にキンメダイが鈎なりに釣れ、それをまかないで食したらあまりのうまさにさあ大変。

「こんなうまいもん、俺らだけで食ってちゃ申し訳ねぇ」と、漁師が言ったかどうかは定かではないが、そんなまかない食用の時代を経て、キンメは徐々にその姿を料亭や旅館に見せるようになっていったのである。それに合わせて近海のマグロ延縄漁船の狙いはマグロとキンメの2本立てになっていった。

またキンメ狙い専門の際には、もっと深場を果敢に攻められる底建て延縄漁という漁法に変わったが、現在では、なんと電動リールを用いた〝釣り〟へと漁法が進化している。

釣りと聞くと一見非効率に思われるが、200〜500mに迫る深海漁の場合、なにしろ深場に1回仕掛けを下ろすだけで1時間以上もかかるので、その都度延縄を釣り機（ウィンチ）で巻くよりも、何セットかの電動リール&ロッドによる釣り漁のほうが、遥かに効率がいいのだ。

さて、大きなお皿に乗ったキンメダイはあっという間に骨だけになってしまった。あらゆる部位を骨までしゃぶり、さらにエラ付近の肩甲骨と烏口骨が繫《つな》がった部分を特に丁寧に舐め取って綺麗にする。これはよく見るとおサカナのカタチに酷似しており、古くから縁起の良いお守りになるという伝承があるのだ。

「あ、キンメダイの中から出てきたキンメダイね、それお財布に入れるといいんですよ」

配膳してくださったこちらの藤下さんが、ボクの食いっぷりと骨のお守りをみて御指南してくださった。さらに『いず松陰』という姉妹店もあるからとオススメのお店を教えてくださったので、後日しっかりといず松陰にお邪魔した。

その際、またしてもキンメの煮付けをいただいた。古き良き時代の料亭風のこちらでいただくこの定食はなかがわに負けず劣らずの逸品で甘く深く、最高にうまかった。ともすると、「観光地価格か？」と首をかしげたくなる下田の街であるが、なかがわ同様にコスパも最高でオススメのお店だ。

明けて翌日、下田市魚市場地方卸売市場の屋舎に並ぶ『金目亭』へ。色鮮やかな大漁旗が掲げられた、いかにも市場食堂らしいこちらにて、朝からがっつり『あぶり金目丼』をいただく。キンメダイの炙りとお造りをコラボで楽しめるこの丼であるが、食感良く深い味わいのお造りもさることながら、炙りがうまいのなんのって。

炙ることで溶け出した脂はキンメの身をより柔らかく甘く仕上げて、皮の食感も優しいものに変貌するのだ。特に皮と身の間にある脂はなんともいえない深い甘みを醸し出してこれが本当にうまい。添えられたレモンを絞ると、なんとも爽やかな酸味がその旨みをじわりとにじませたキンメの身と相まってさらにおいしさを際立たせる。

続いて間髪を入れず、こちらの対面となる道の駅『開国下田みなと』に店を構える『カフェ&ハンバーガー ラーマル』へ。

朝のコーヒーをいただきたかったこともさることながら、こちらでしか食することができない、なんとキンメダイを使ったバーガー、『下田バーガー』を是非とも食べてみたかったのである。

「まったくもってアナタどんだけキンメが好きなのよ」と問われても返す言葉が見つからない、キンメづくしなのである。

店内のカウンターの上にはブルーマーリン（クロカジキ）のボードが掲げられ、北米のボートハウスのような洒落た内装のカフェ&ハンバーガー ラーマルでいただいた下田バーガーは、甘辛いソースに包まれたでっかいキンメのフライが、これまた大きくてふわふわのバンズに挟まれた豪快なバーガーであった。

大胆にがっぷりと齧《かじ》り付いていただく。キンメのフライはジューシーで、噛むほどに甘辛いソースが旨みの深い脂とブレンドされて、こりゃ上等なキンメの煮付け味だわなぁという印象を舌に届ける。トッピングされたレタスやトマトの相性も良くなんともオイシイ。

怒濤のキンメづくしにおなかを膨らませ、下田を後に愛車で国道136号を南下。田牛《とうじ》海水浴場方面に進み、海食にて上から覗くとハートのカタチに見えるパワースポット、龍宮窟に癒やされ、田牛サンドスキー場で強風にさらされた後に、うねうねと連なる細道を行き、いくつかの辻を介して伊豆南端の名勝弓ヶ浜に至る。

ここには釣りで度々訪れていたため土地勘があり、食事処があることを心得ているのである。

そんなわけで『青木さざえ店』の引き戸をくぐり、『アワビさざえの二種丼』を注文。メニューの厳かな名を聞き、さぞや立派なお値段なのではと身構える御仁も多いと思うが、なんとこの丼、とってもお値頃なのである。

大きな丼に盛られたアワビさざえの二種丼がテーブルに置かれる。甘辛くコクのあるタレがかかったサザエの天ぷらと、醤油、鰹節、みりん、砂糖、酒などで丸ごと煮込んでからスライスされた煮アワビが熱々ご飯の上で、「さぁ食べて」と言わんばかりに甘い香りを放っている。ネギと海苔がぱらりとトッピングされた見た目もそそる。

「いただきます」とがっつく。サザエの天ぷらはなんとも柔らかく、磯の香りがほんのり漂いつつ、まろやかな甘さでとても美味である。

煮アワビはさらにしっとりとして深く絶妙な甘さである。これはもう磯の高級ハムだ。どちらも噛むほどに旨みがお口の中に広がって、「こんな贅沢他にないわさぁ〜」と、うっとりしたのであった。

食後は決まって店内のイケスを眺める。イケスの大きなサザエを見つめ、「うおお！」と思わず奇妙に唸ってしまったその刹那、「ここ以外にも、もっとでっかいイケスがあってね、そこにはもっとでかいサザエが入ってるんですよ。このげんこつより大きいのなんか、3年くらい経ってるかな」と、教えてくれたのが、こちらで働く大年俊哉さんだった。

「実は脱サラした後に、ここがふるさとなもので帰ってきたんです。地域貢献したくてここで働きながらハチロクのクラブに参加して、人と地域を結ぶオフ会をやっているんです」

ハチロクとはトヨタがスポーツカー不在の昨今を憂いて投入した後輪駆動のスポーツカーである。大年さんはこの弓ヶ浜の地に各地から熱心なハチロクフリークを集めて、アットホームなオフ会を催しているのだ。

なるほど、このようなハッピーで温かな御方が手塩にかけたサザエやアワビだからこそ、そのお味は甘くも深く、嚙むほどに幸せになれたのだろう。

鳶《とんび》が鳴きながら旋回すると、黄昏時の風が頰を撫でていった。

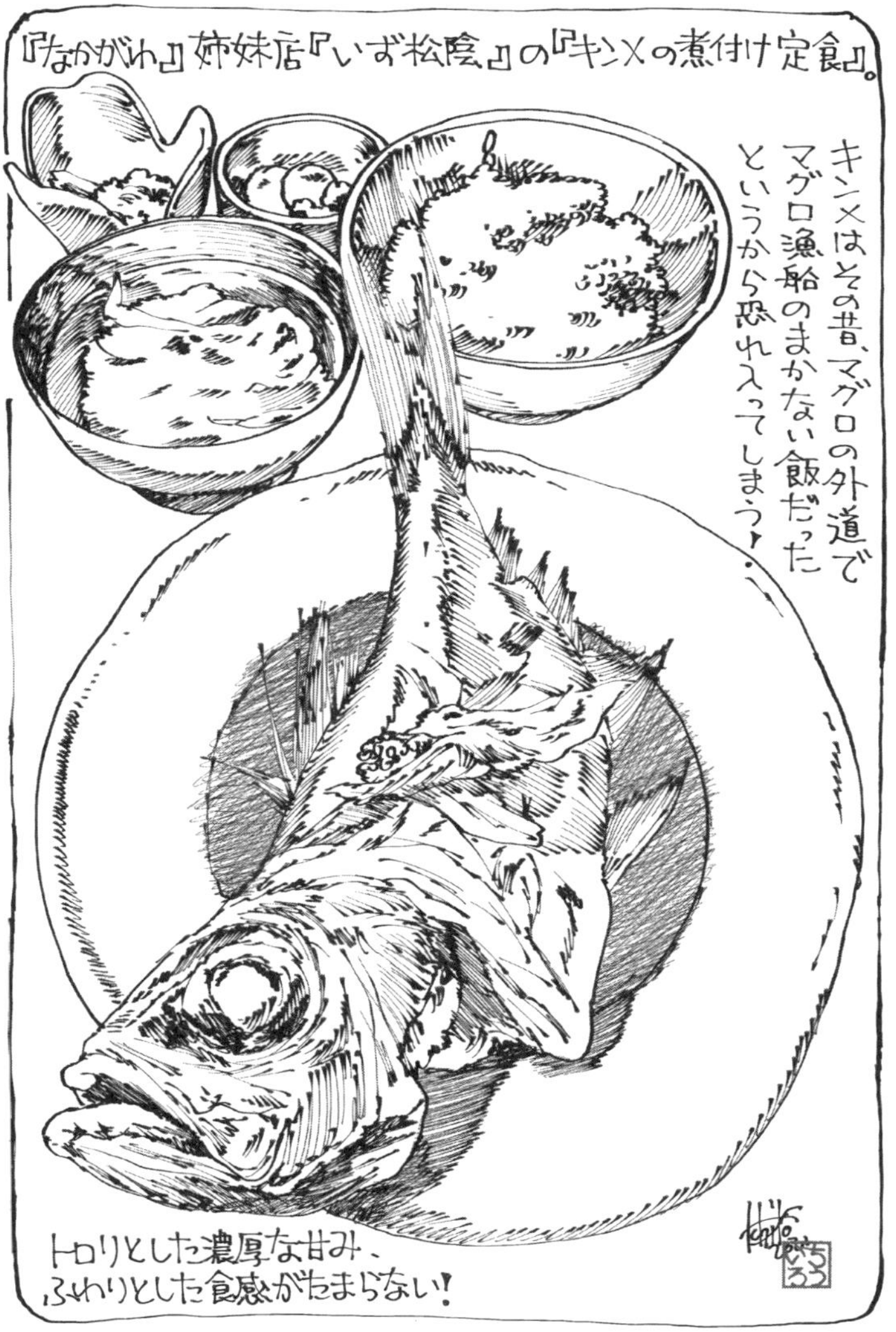
『なかがわ』姉妹店『いず松陰』の『キンメの煮付け定食』。
キンメはその昔、マグロの外道で
マグロ漁船のまかない飯だった
というから恐れ入ってしまう!
トロリとした濃厚な甘み、
ふわりとした食感がたまらない!

日本海を渡り、隠岐島後でヘカ料理に舌鼓を打つ

鳥取県・境港市、隠岐の島町

境港市は摩訶不思議な街である。まずその地形が面白い。

この街は大型の砂州である弓ヶ浜半島の先端に位置し、北東の日本海、南西の中海に挟まれている。これだけでもとても個性的な形状なのだが、北端は境水道によって島根半島から分断されており、正確に表現するなら三方を歪な形状で海に囲まれているのだ。周囲が海なのに街の中を歩くとどこか狭小な感が漂う。どうしてだろうか？　狭いというよりは住み慣れた部屋にいるような、安堵した気持ちになってしまうのも不思議だ。

『ゲゲゲの鬼太郎』に登場するキャラクター像が並ぶ『水木しげるロード』に足を踏み入れると、その不思議な感覚はいっそう強くなる。妖怪電気店や妖怪郵便局という奇異な名称の店舗が立ち並び、ある種異様な趣を見せるのだが、そのまま波止に向かうとやっぱりここは砂州の先端なのだなと思わせる開けた眺望となり、境港市と松江市を結ぶ境水道大橋を見上げれば、まるで空に上っていくような勢いでやけに高い位置に架けられていて、さらにその鉄骨トラス造形は左右非対称だったりと、やっぱりどこか変である。

そんな不思議な魅力を持つこの街の情景が大好きで、カメラ片手にゆるゆるぶらぶらとしていると、あっという間に黄昏時となってしまうのであった。

実はここ一帯はかつては海に隔てられ、夜見島と呼ばれていたとのこと。陸続きとなったのは奈良時代から平安時代にかけてとされている。そのような成り立ちを聞くと、「うん、ナルホド」と思わず納得してしまうのだ。時代と共に地形が変形していく様子はとても興味深い。

さらにこの街は戦国時代にも重要な拠点で、毛利氏をはじめとする戦国大名の軍事拠点となり、兵糧米の陸揚げ地、水軍停泊地として重要な位置を占めた。水運が極めて重要だった時代に、水道と海に囲まれたこの地を確保することは決定的に有利だったのだ。それゆえ、江戸時代になると早期より鳥取藩の御番所が置かれ、千石船の往来で大変賑わった。千石船はこの街に巨万の富をもたらし、明治以降は日本海国内航路の要衝として栄えることとなるのである。

明治29年（1896年）には貿易港に指定され朝鮮半島の釜山、仁川、元山との大陸貿易も行われていたというから、今でいう国際的なハブ港である。現在でも韓国航路、ロシア航路が就航し、海外船籍の貨物船も多く見られる。それがまた絵になって、シャッターを押さずにはいられないのである。

前述の水木しげるロードは、もっとフォトジェニックで実に愉快である。妖怪電気店や妖怪郵便局という名称も衝撃的だったが、妖怪神社という神社があり、実におどろおどろしい称号だなと思っていたら、案の定「怖いよう」とお父さんに縋《すが》っている幼児を発見。観光で来た様子であるが、これはに思わず笑ってしまった。そりゃ怖いよね。

また、地方銀行のATMの前に置かれた告知板には〝妖怪に暗証番号を聞かれても決して教えないでください〟との注意書きがあり、傑作である。

路地には鬼太郎にねずみ男、ねこ娘にぬりかべ、こなき爺などの妖怪の像が立ち並ぶが、これら妖怪キャラは幼少の頃から親しんだもので、実になじみ深く懐かしい。妖怪を眺めながら町歩きをして、妖怪饅頭、一反もめん焼き、妖怪汁に妖怪ラテなどもいただいたが、やっぱり港に来たからには魚が食べたい。

そんなわけで妖怪列車に乗車した。この列車、境港駅と米子駅を結ぶJR境線の車両で、鬼太郎ファミリーのキャラクターがペイントされており、これまた実に愉快である。列車に乗ったのはこの車両に興味があったことに加え、日本海側の波止もふらふらと探訪して写真に収めたかったからである。

かくして〝キジムナー駅〟と呼ばれる馬場崎町駅より、2駅離れた〝こなきじじい駅〟である余子《あまりこ》駅にて下車。そこから少し歩くと、『お魚天国 すし若 竹内団地2号店』という回転寿司店があったので早速お邪魔する。

ちなみに、地方へ行くと必ず回転寿司をいただくことにしている。なかでも波止に近い回転寿司店が狙い目で、ボクの生活する関東圏内ではなかなかお目にかかれないおサカナネタが超お値頃で回っていたりするので、これはいただかないわけにはいかないのである。

案の定、こちらにはリーズナブルで極上の品がグルグルと回っていた。甘くあっさりとした口当たりのアカべと呼ばれる地物の貝、磯の香り漂うサザエの軍艦、脂が乗りつつも淡白で、口の中でトロリとする食感が最高のトビウオの握り。これらをいただき大満足でお店を後にした。

さらにずいぶんと足を進め、日本海に面した境港の波止を撮影しつつ、『境港さかなセンター』という市場を見つけてそちらに立ち入る。場内には売り子さん、そしてたくさんのお客さんの活気がみなぎり、マグロにブリにマダイ、トビウオにスズキ、ヒラメにメイタガレイ、白イカにアオリイカなどの鮮魚、サザエやカキにアワビなどの貝類、そしてひときわ華やかだったズワイガニ、マツバガニ、タラバガニ（カニは夏期のため冷凍物）が所狭しと並べられていた。

　すると通路を介した海沿いに、『お食事処美なと亭』という食堂を発見。市場に面した食事処だけあって、鉄板メニューの『刺身定食』に『海鮮丼』に加えて、『大漁みなと定食』に『紅ずわいがに丼』、『まぐろ丼』に『いかうに丼』などなど、メニューのどれもが魅惑的でボクを強くいざなった。

　そんな中に、『白いか丼』という、イカだけで勝負を挑んでくる潔くも男らしい丼を発見。これは面白いと思い早速この白いか丼を注文した。

「はえ、おまちどおさまぁ〜、がいにうめえよぉ」

　おばちゃんが笑顔でテーブルの上にドンと白いか丼を置いてくれたので早速いただく。このために回転寿司は3皿で我慢したのである。ちなみに〝白いか〟という名称、聞き慣れない方もいらっしゃると思うが、ケンサキイカのことを山陰や九州北部ではそう呼ぶのである。

　箸で口に運ぶと食感は最高。新しいのでぷりぷりしつつ、噛んでいると広がっていく絶妙な甘さが実にうまい。ゲソは茹でてあり、これがまた歯ごたえを残しつつも柔らか。あっという間に完食してしまった。

明けて翌日。隠岐汽船に愛車とともに乗船し、境港から2時間半の船旅を経て隠岐島後《どうご》に渡る。

直径約20㎞のこの島はほぼ円形で、約180の小島からなる隠岐諸島の主島である。フェリーの着岸した西郷地区より、ゆるゆると入江に沿って行くと少し開けたベイエリアとなり、カッターボートの訓練に励む学生達の声が海風に乗り耳元に聞こえてくる。湾奥には趣のある校舎があり、その角をゆっくりと曲がると、こぢんまりとした神社の一角に土を盛った立派な土俵があった。なんとも気合いの入ったひときわ甲高い声が轟く。少年相撲のリキの入った練習である。

バヂン、バヂンという立ち合いの音が凄い。その迫力たるや相当のものである。コーチのおじさんも真剣そのもので全身を使って渾身の指導をしている。世話役か、はたまた、かつて少年力士だったと思われる感の傍らの若人に聞くと、「いつもこんな感じの練習なんです。実はこの地区は結構強いんですよ」とのこと。もしかしたら将来ここから横綱が生まれるかもしれない。

将来の横綱達を後に、午後の日差しが斜めに射す入り江に沿って、今回の目的地となる西郷の民宿『喜兵衛』にお邪魔する。実はここ、凄い魚料理を出してくれると評判の宿なのである。

女将である神原季子さんはボクを大歓迎してくれ、見事な島の料理を振る舞ってくれた。料理はどれも素晴らしいできであったが、特に『ヘカ』と呼ばれる漁師料理には感心せざるを得なかった。

「隠岐ではね、肉の代わりに魚介類をつこうた料理のことをヘカとえうんです。サザエ、バイガイ、クジラなんかをつこうことが多えかな」

神原さんが指南してくれたように、ヘカとは肉の代わりに魚介類を使った料理に広く用いられる言葉で、山陰各地でその素材は様々である。今回はサザエをメインに用いた、肉じゃが風仕立てのヘカをご馳走になったのだが、この『サザエの肉じゃが風仕立て』が強烈にうまい。

なにしろ肉じゃがのタレは、がつんと濃厚な風味のサザエの出し汁である。磯の香りを残しつつ、ジャガイモの甘みとサザエの甘みが濃縮され、口の中でホクホク、さくさくと崩れていくのである。

そしてサザエの肉じゃがに勝るとも劣らないのが『鯖スキ』である。こちらも島ではヘカと呼ばれているレシピで、このサバが脂が乗りきって濃厚である。しゃぶしゃぶとすることによって、この濃厚な旨みの乗ったサバは、さらに整った優しく奥深い味になり、噛むほどに心満たされるのである。実際は数回噛んで呑んでしまったのだが、しゃぶしゃぶすると、それほど柔らかくまろやかに仕上がるのである。

他にタイ、エビにサザエ、アワビ、アラメなど満艦飾の島料理がテーブルを飾りボクの胃袋へと吸い込まれていった。

最高のご馳走でおなかを満たし、お酒も進んでこの日は泥のように眠ったのであった。

翌日。少し風が強いが快晴。隠岐島後最終となるこの日、愛車でゆるゆると反時計回りに島を巡った。そうこうするうちに大久《おおく》という地区にて、陽射に煌めく小川の川向こうにとても趣ある背の高い土蔵を発見。

「うん、実にいいなぁ、コレ絵になるよ」

愛車をその眺望に絡め、ああでもないこうでもないと画角を決めていると、「こっちからとーと、もっとええですから」と、初老の御婦人が笑顔で話しかけてくださった。

「蔵の壁は台風で落ちてしまぁて、本当は白壁だったんですよぉ」

そう言って土蔵を案内してくれたのは、この家を守る神原以佐子さんである。土蔵の奥には立派な旧家が建ち、大きな屋根と家紋が風格ある佇まいを見せていた。この堂々たるお屋敷は、ご先祖様から受け継いできた山林から巨木を切り出し建築されたもの。

「この家の屋号は信濃屋とええましてね、今から3代前に建てられたんですけど、大正時代の大火にも残ってね。大黒柱にはこの家を建てた年月日が筆で書かれちょぉんですよ」

神原さんはこの家と地域の歴史を語りつつ、ご親切にコーヒーを入れてくださり、お菓子まで振る舞ってくれ、通りすがりのボクを手厚くもてなしてくれた。温情と、ゆったりと刻まれる癒やしの時間がこの島には未だ息づいている。

神原さんと背高ノッポの土蔵に手を振って、ゆるゆると帰路についた。

フェリーから眺めた日本海は群青色で、背景に隠岐群島の主島の隠岐島後を映すも、それは徐々に小さくなっていった。

ズボンの裾をバタバタとはためかせる海風は、島でいただいた情をさらに運んでくるのか、温かで心地良いものであった。

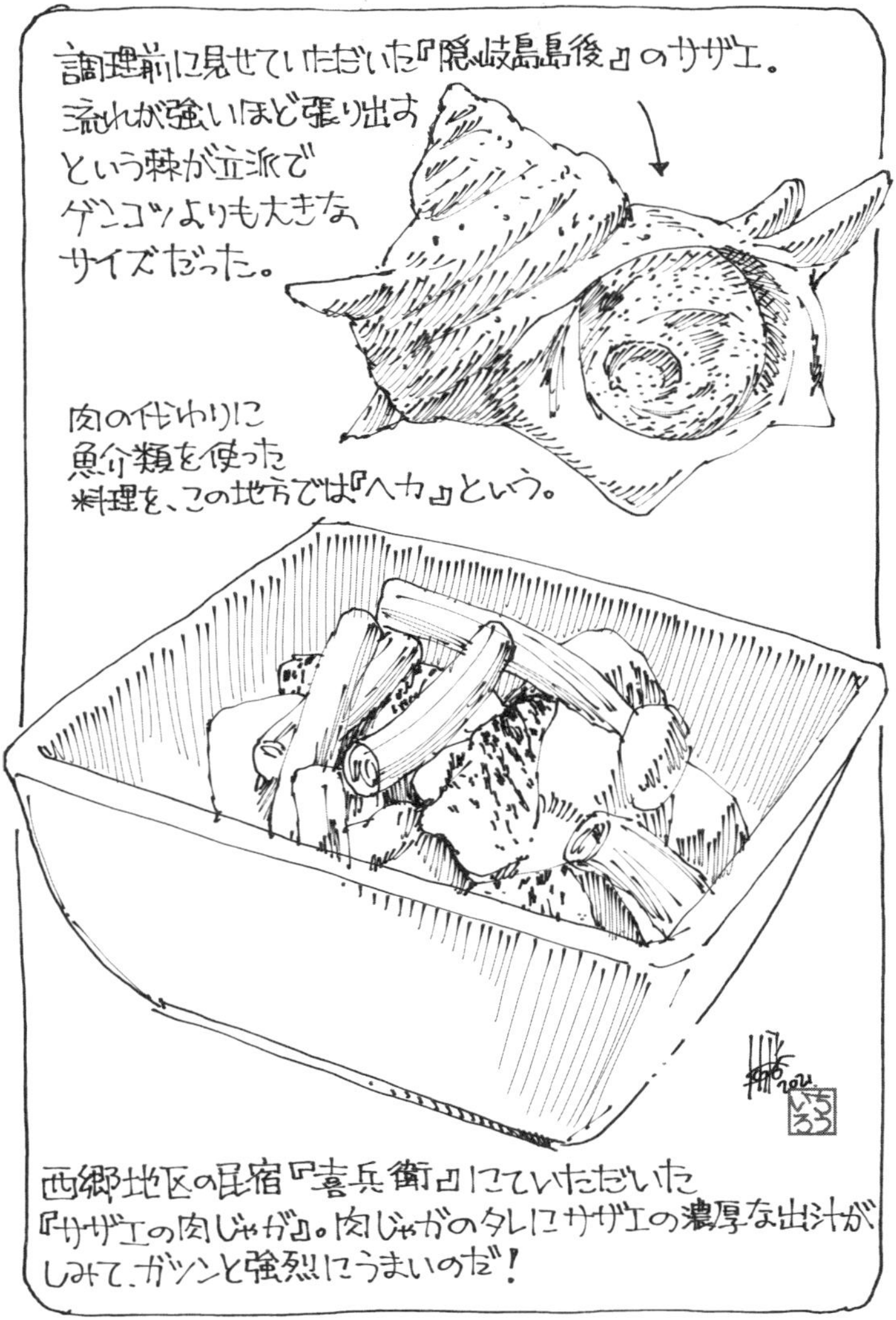
調理前に見せていただいた『隠岐島島後』のサザエ。
流れが強いほど張り出すという棘が立派でゲンコツよりも大きなサイズだった。
肉の代わりに魚介類を使った料理を、この地方では『ヘカ』という。
西郷地区の民宿『喜兵衛』にていただいた『サザエの肉じゃが』。肉じゃがのタレにサザエの濃厚な出汁がしみて、ガツンと強烈にうまいのだ！

深い味わいのたら汁に愕然とし、富山湾のフクラギに感涙す

富山県・朝日町、射水市

川崎の自宅を深夜に出立。途中充分に休憩を入れつつ、約7時間のゆるゆるドライブを経て富山の渓流に至ったのは昼下がりである。

ウェーダー（釣り用の胴まである長靴）をはき、森の木々が育んだ水に浸かると強い昂ぶりを感じる。イワナやヤマメなどの渓魚との出合いが待っているからだ。

富山の渓流は独特で、立山連峰から富山湾まで極端に急斜している。水源となる立山連峰は標高3000m級である。その高い山から各河川はイッキに水深300m以上となり、やがて水深1000mを超える富山湾に滝のように流れ込んでいるのである。つまり標高3000m級の立山連峰から海底まで4000mもの標高差を落下する峡谷になっているのだ。

ボクは釣り仲間とともに、この富山の川を〝イキナリ渓流〟と勝手に呼んでいる。通常の河川にあるような下流や中流域となる穏やかな流域が極めて少なく、すぐに渓流域に達してしまうからそう呼ぶのである。

そんな特異な環境は時間を費やして遠くまで進むことなく、すぐに渓流魚との出合いが

可能な流域に入渓できるので、トラウトアングラーにはむしろ嬉しいことなのだ。

「うぅ〜ん。スゲェよこの景色！」

独り言を吐き流れと戯れていると、ちょっと小さいけれど綺麗なイワナが数匹釣れた。写真を撮ってリリースして大満足。

気持ちが一段落すると無性に腹が減るもので、愛車にて急ぎ下山する。こんなときも、渓流域からすぐに市街地に出られる富山はいい。

県道115号線を下り越中国の東端部に位置する、朝日町のヒスイ海岸付近の国道8号へ。饑《ひだる》いおなかを諭しながら宮崎漁港近く、ヒスイ海岸を斜め前に望み、たら汁店連なる『たら汁街道』に店を構える『ドライブイン金森』を目指す。

ドライブイン金森は、雑誌の取材にて偶然見つけて、取材させていただいた経緯のある旅人のオアシスである。まず令和の時代に〝ドライブイン〟をうたい続けているその店名が貴重である。

幼少の頃、父が駆るスバル360にてあちこち連れて行ってもらった。一家4人をギュウギュウ詰めにして、ボロンボロンボロンボロン♪と、ツーサイクルサウンドを響かせながらのドライブは最高に楽しかった思い出である。そしておなかが空いたら立ち寄ったのがドライブインなのだ。

現在のようにファミレス全盛でなかった当時、ドライブインと書かれた看板は街道の要所要所にあり、ドライバーの安息の地だったのだ。そこで、当時少しハイカラだったスパゲティナポリタンやチキンライスを食べ、粉っぽい無果汁のオレンジジュースを啜るのが若者のトレンドだったのだ。

お店によってはジュークボックスが置かれ、そこから流れる流行のミュージックに耳を傾け、クルマやバイクの雑誌を眺めるのも少し大人になったような気持ちになって、妙に昂ぶった記憶がある。

そんなこんなで、未だにドライブインと聞くと、ドキドキした記憶や家族の温もりが蘇り、思わずホッコリとなってしまうのだ。

はじめてここを訪れたのが2016年の10月のことである。当時は広々とした店舗の周囲に〝名物たら汁ごはん〟と書かれたノボリが林立しており、それを脳にインプットしてしまったボクはテーブルにつくやいなや迷わずそれを注文。ノボリのサブリミナル効果は抜群なのである。

こちらのお店、広き店内には角なしのアール状のガラスで仕切られた、ヴィンテージ感溢れるショーケースに囲まれた注文カウンターがあって、そのショーケースの中にはお刺身や卵焼き、納豆に焼き魚などたくさんの料理やお総菜が並んでおり、常連のトラックドライバーのオジサン達はそれを指さして、「ん〜っと、これとあれね！」なんてやりながらテーブルに着くのである。

それを見て今度お邪魔した際には、絶対に「これとあれね！」とやってみようと心に誓い、再度ここを訪れたのである。いわばここは、約束の地なのだ。

さて、そうは言っても、やっぱり〝名物たら汁ごはん〟と書かれたノボリがあって、それを見た途端またしても呪縛にとらわれるのであった。大きなテーブルが並ぶ店内に着座したその刹那、あっさりとまた『たら汁ごはん』を頼んでしまいそうになった。いやいやこれではイカンとカウンターに足を運ぶ。「これとあれね！」とやってみようと心に誓ったのだから絶対に成し遂げるのだ。

「ん〜っと、たら汁ごはんください！」

な、なんということだ。ボクの脳は数年前の記憶に完全に蝕まれてしまっていたのである。しかし、それほどまでにこのたら汁ごはんはうまいのである。

しまったと思ったが、正気を取り戻してショーケースのお総菜も追加。ツブガイと卵焼きを指さして追加する。これにてついに積年の願い成就ス。

「たら汁は定食でいいよね？　それとツブガイと卵焼きですねぇ」

独り昂ぶるボクに、ご主人は笑顔で応えてくださった。注文してしばし、「はい、おまちどおさまぁ～」と、奥様が注文の品を配膳してくださった。一度は味わったメニューとはいえ、その豪快なサイズに再び驚かされる。でかい。とにかくでかい。たら汁の入った碗はうどんやソバのそれ以上。ご飯茶碗も相撲部屋で見るようなサイズである。

広いトレーの空間をうまく利用し、ツブガイと卵焼きが申し訳なさそうに乗せられていたので、先にそれらをテーブルへ移動。長ネギがちりばめられて脂が浮いた〝たら汁〟からは、タラの身がはみ出しており、箸でつつくとあふれそうで、手に持って啜ることに自信がなかったので、卑しいと思いながらも犬のように顔をつけてレンゲを投入し、移動距離を減少させてズズズと啜る。

その瞬間、前回に引き続きまたしても舌がとろけそうになる。

味噌仕立ての汁に投じられたタラの身からは、ほんのり甘い脂と深い味わいの出汁が抽出され、味噌汁とまろやかにブレンドされている。

甘さ、塩辛さ、コクが見事に調和したこの組み合わせは、古くから北国の人々に愛されてきたものである。魚と味噌が最高の組み合わせとなることはよく知られていることだが、ここまでうまいとは。

白米と合わせるとこれまた最高。甘さとコクがより引き立って、どんどん口の中に米を押し込んでしまうのだ。果たしてこのようにうまいものが他にあろうかと愕然としてしまう。ズゴゴゴと落ち着きなく啜り、ブガブガと咀嚼してゴクリと飲み込み、あっという間に完食してしまった。こうまでうまいとどうにも興奮して戦闘的になり、汗をかいてしまった。

「あ、そうだ」と思い立ち、テーブル脇に避難させていたツブガイと卵焼きをいただく。シコシコとして食感が実に心地よく強い甘味のあるツブガイ、しっとりと仕上がった卵焼きも美味である。トラックドライバーやタクシードライバーが集うのも頷けることである。

大満足したボクは愛車で少し昼寝をして、また山へ釣りに戻った次第。精がついたのだろうか？　斜度のきつい渓流も楽に登れてすこぶる元気である。

明けて翌日、車中泊から目覚めたボクは国道8号を介し、富山湾に面した『新湊きっときと市場』に向かった。

「らっしゃい。今日のオススメっちゃ、なんたってキトキトなフクラギだよ」

新湊きっときと市場には、その日に浜（市場）に揚がった新鮮なおサカナを自分で選び、

1尾あたり200円の加工賃を払うとその場でさばいて食させてくれるという、実に嬉しいシステムがあるのだ。アイスボックスに陳列されたあまたのおサカナから、先ほどの口上のフクラギとアオリイカを迷わずチョイスし、ご飯と味噌汁の定食セットを合わせて注文した。

フクラギとは関東でのイナダ、関西でツバスと呼ばれる生後7～8か月、体長30～40cmになるブリの若魚の越中での呼称である。籠に自分で選んだ1尾1杯を入れて、お代と引き替えにオジサンに渡す。その場で調理をお願いして待つことひととき。フクラギとアオリイカが綺麗にさばかれてお皿に盛られ、開放的なこちらのフードスペースへと運ばれてきた。

「う、うまい！」

美しいお造りにしていただいたフクラギを箸で口に運んでパクリといただくやいなや、その御膳上等なる味わいにビックリ。

ボクの生活する関東圏内では、こちらのフクラギに相当するブリの若魚である『ワカシ』や『イナダ』は、あまり脂が乗らず、特にワカシは猫も食べずに跨いで通過してしまうという比喩の猫マタギとして有名なおサカナであるが、富山湾のフクラギは、まったくといっていいほどの別のおサカナであった。

なぜこのようにうまいのか、それは富山湾の形状と、流れ込む河川の影響が大きい。

前記したが富山湾は標高3000m級の立山連峰から、深海に向かって急激に落ち込む異形のドン深湾で、最深部は優に1000mを超え海洋深層水を湛えている。つまり上は暖流で暖かく、下は海洋深層水で冷たいので、暖流寒流のおサカナのどちらも、同じ富山湾内で育成しているのだ。ここには日本海に生息する魚類約800種類のうち、約500種類が生息するというから、おサカナたちにとってどれだけ好条件の海であるかうかがえる。

また、深海から湧き上がる海洋深層水、立山連峰から豊富に流れ込む真水の影響は大きく、岩石から溶出したさまざまなミネラル分がふんだんに供給され富山湾のフクラギを絶品に育てていることは間違いない。

さらに冒頭の河川の水の影響。河川からは豊富なミネラルと植物プランクトンが運ばれ、さらにそれを食す動物プランクトン、そして稚魚や若魚、さらに大型のフィッシュイーター（魚食性の大型魚）へとその連鎖は繋がるのだ。

フクラギをついばむ箸はいつになく機敏に動き、お口の上下動も通常の3倍のスピードとなってフクラギの切り身はあっという間にお皿から消えていく。

噛むほどに柔らかくしなやかなフクラギの身には、若魚と思えないほどの脂がしっとりと乗って、これはやばし。〝天然のイケス〟とうたわれる富山湾は実に素晴らしい仕事を成し遂げている。

次に箸を付けたアオリイカはこれまた絶品。先ほどまで生きていたので、身がコリコリとして歯ごたえが良く、やはり噛むほどに甘くなめらかになっていく。フクラギに勝るとも劣らない富山湾が育んだ絶品だ。

独り富山湾の恵みを堪能して目を細め、「う〜ん」と唸るボクがよほどおかしく見えたのか、「ほれ、今焼けた味噌漬けだっちゃ」と、市場のオバチャンが菜箸で直に白米の上に、デンと焼きたての味噌漬けのアコウダイの切り身を置いてくださった。ありがたくそれも頬張り、さらに目を細めるのだった。

外に出るとすでに日が斜めに射し、海鳥がキャァキャァと鳴きながらねぐらを目指して彼方へと飛んでいった。

フクラギに満たされたおなかは、威風堂々と膨らんだままである。

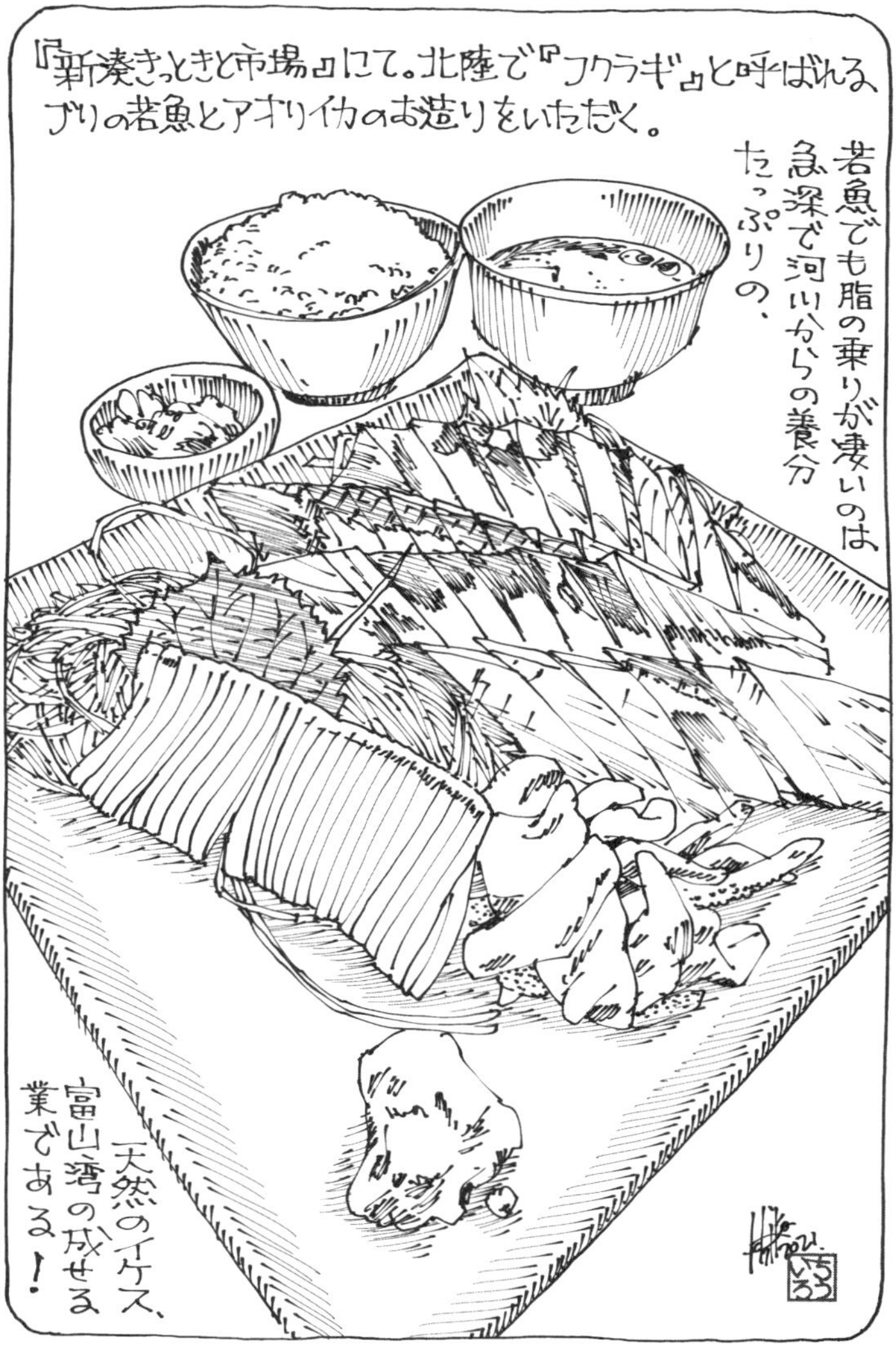
『新湊きっときと市場』にて。北陸で『フクラギ』と呼ばれる、ブリの若魚とアオリイカのお造りをいただく。
若魚でも脂の乗りが凄いのは
急深で河川からの養分
たっぷりの、
天然のイケス、
富山湾の成せる
業である！

焼きサバとへしこに古往今来の食文化を覚える

福井県・小浜市

早朝、宿の窓より妙妙たる眺望の小浜湾を眺める。

雲ひとつなく淡いブルーに染められた空は、辛きお水が張られた小浜湾のベタ凪の水面に見事にその色を映し込んでいた。まるで空と海とが逆転したかのようである。

朝がめっきり弱いボクも、この好天と一杯のコーヒーにて1日の始まりは快調である。張り切ってフォト散歩をスタートさせる。

京文化の面影を残す、朱で塗られたベンガラ格子や出格子の家が軒を連ねる狭い路地をテクテクと行くと、唐突に〝鯖街道起点〟と書かれた交差点に出た。

『鯖街道』とは小浜藩領内から京都を結ぶ街道の総称で、主に魚介類を京都へ運搬する物流ルートであったが、中でも特に鯖が多かったことから、鯖街道と呼ばれるようになった。ここより京までいにしえの鯖街道は続くのだと思うと、感無量である。

夢中でシャッターを押すボクを横目に、小綺麗に着飾ったご婦人がやや足早に去っていかれた。メガネに髭でカメラをぶら下げ、あちらこちらと落ち着きないそぶりで撮影しまくる姿は自分でも怪しい奴だと思うのだが、決定的に不審なのはブツブツと変な独り言をつぶやくことで、これでは白眼視されても致し方ない。

「常に独り仕事だから、独り言が出ちゃうんだよね」と今度は心の中で小声でつぶやく。気を取り直し、のんのんずいずいと細道に入ると、『鯖街道資料館』というこぢんまりとした展示館があったので迷わずそこへ。

展示館の中には鯖街道にゆかりのあるあまたの品々が展示されていたが、なかでもそそったのは、小売店が並ぶ和泉町の様子や鯖街道を行く人々を記録した、古い写真である。セピア色のそれは総天然色のものよりも遥かに脳を刺激する。

情報がシンプルであればあるほど、きっとああだったのだ、こうだったんだなと勝手に世界が広がっていくのである。

そんな中、それは大きな荷物を担ぐ御方がちらりとこちらを見つめている一枚の写真がどうにも気になった。そこに写っているのは歩荷《ぼっか》と呼ばれる担ぎ手の方である。

過去よりドシマや馬喰《ばくろう》と呼ばれる馬方、牛方が引く牛馬が荷を運んだ鯖街道である。しかしながら雪が積もる冬期や牛馬が使えない険しい山越えのルートでは歩荷が活躍したのである。中には１００kgを超える荷を担いだ猛者もいたというから驚きである。昔の方はかくも丈夫だったのだ。

前記したが、運搬される魚介類の中で、特に多かった食材が鯖であった。なかでも塩鯖はその荷のほとんどをしめるもので、冷凍技術のなかった当時はこの塩鯖がとても重宝されたのである。

『鯖街道資料館』から出ると、プンと美味しそうな香りが鼻をくすぐる、その香りに釣られてふらふらと行くと、狭小な路地の向こうにズラリと『焼き鯖』が並んだ、京風長屋かはたまた漁師の番屋を彷彿とさせるその建物には『元祖朽木屋　益田商店』と書かれた看板が掲げられていた。こちらは平日でも売り切れが続出してしまうという焼き鯖の老舗である。

こんがりと焼かれた焼き鯖はただでさえ生唾ものである。この店では、特に大きく脂の乗ったものを厳選して焼き上げているのだという。店舗の軒先のグリルには串に刺された焼き鯖がズラリと並んでおり、それは壮観な眺めであった。眺めもさることながら、その香りがまたたまらない。

まずは甘く香ばしい煙を逃してなるかという気持で吸い込んだボクだったが、あまりはしたないのもいけないので、本来の目的である、写真撮影へと気持ちを切り替え「写真を撮らせてください」と、店舗の前で鯖を焼いている方にお願いした。

「どうぞどうぞ、良い写真撮れましたか？　ウチの屋号の朽木屋の名前は、鯖街道の朽木を経由して京へ魚を運んでいたことに謂われがあるんです。ほんと、うまいですよ～」

元祖朽木屋　益田商店の益田友和さんが答えてくださった。

ボクはひときわ大きな40㎝を超えた焼き鯖を購入。

それがうまそうでなんだかワクワク感が治まらない。香ばしい香り漂う老舗から愛車に戻って、すぐさまかぶりつく。焼き上がったばかりで、まだ皮の脂が熱々であったが、ふうふういいながらもがつがつと齧る。

サバは本当にうまいおサカナであるが、中でも炭火や遠赤で炙ったそれは皮がカリカリ、身がジューシーで天下一品である。あまりのうまさに我を忘れて食していると、「今日は良い天気やで外で食べるのには最高ね。焼き鯖うまいですか？」と、犬の散歩のオジサンが笑顔で話しかけてくれた。

ボクは愛車のスライドドアを開け放ったままサバを頰張っていたので丸見えだったのだ。お恥ずかしい限りであるが、おかげでその方とはすっかりうちとけ、小浜の四方山話をたくさん聞かせていただいた。

八百比丘尼の伝説を知ってますか？小浜には不思議な人魚伝説と、ちょっこしスピリチュアルな場所があるんです」

「八百比丘尼《やおびくに》の伝説は、恐ろしげな伝承が大好きなボクの心を鷲掴みにした。

昔々、若狭国の高橋権太夫という貿易商が旅の途中で不思議な島を発見し、王様に謁見《えっけん》する。王様に歓迎された権太夫は珍しいご馳走をいただく。

その中に、白くてぶよぶよした薄気味の悪い肉があることに気づき、これはなにかと王様に尋ねると、それは不老不死の人魚の肉であるとのこと。権太夫は島を後にする際にその肉を持たされるのであるが、権太夫の娘がその人魚の肉を食べてしまうのだ。

以来娘は不老不死となってしまい、世の儚さを悟りながら120歳になったときに剃髪して尼になり全国へ旅に出る。

故郷に戻った娘は800歳まで過ごし、福井県小浜市小浜男山の寺院『空印寺』にある洞窟に入定し即身仏となったという長い長い物語だ。

この空印寺の洞窟『八百比丘尼入定洞』に江戸時代なってから住職が入ってみたところ、なんと兵庫県東部に位置する丹波の山中に出てしまったという。これでは矢追純一先生のUFOスペシャルで問題となった瞬間移動ではないか。

「ほの伝説の人魚にね、会うことができるんですよ。人魚の浜ちゅうところに行ってみてくんね。ここから歩いて10分程度ですので」

八百比丘尼の伝説のシンボルである人魚をマスコットとして設置している見晴らしのいいビーチがあると聞き、フォト散歩を兼ねて人魚の浜海岸へゆるゆると向かった。

そこにはオーシャンビューのテラスが設けられ、人魚の像が対で展示されていた。怪異な八百比丘尼の伝説から、少し不気味なイメージをいだいていたので、その少し艶やかで可愛らしい人魚を見てちょっと拍子抜けであった。

人魚を撮影し、ふと海原を背に小浜の街を振り返ると、そこに『食彩ごえん』という見栄えのいい店舗が建っていた。

焼き鯖1本は、フォト散歩によってすでに消化された感で、だいいち今日はしっかりと食事をしていなかったので、迷わず入店する。店名も〝ごえん〟であるし、これも八百比丘尼の伝説と人魚像がくださった縁かもしれない。

「小浜だと『へしこ』って呼ぶんですけど、これはサバを塩漬けにしてから、さらに糠漬けにした郷土料理のことなんです。氷見に行くと『こんか漬け』っていってます。サバがメインなんですけどイワシとが、コウナゴなんかも漬け込むんですよ。とってもおいしいんです」

メニューにあるへしこを指して、「これはなんですか」と尋ねたボクに丁寧な解説をしてくれたのは、女将さんの後藤幸江さん。

こちらのへしこは、ひと月ほど塩漬けし、4か月〜半年ほど糠に漬け込むといった手間を経て仕上げたお品である。ちなみにへしことは、〝押し込む〟ことからの由来だそう。

諸々の食材は、幸江さん自らが市場へ足を運んで仕入れるとのことで、それならと、お酒に合うオススメをお願いした。

まずいただいたのが綺麗にスライスされた生へしこである。

勿論サバのへしこなのだが、これがやや香《かぐわ》しい。しかしながら「クサイはうまい!」とはよく言ったもので、くさやにはじまり、納豆やぬか漬けなど、どれも本当においしい。とっても臭うなれ寿司（ふなずし）はボクの大好物だ。

探検家の植村直己さんは「世界で一番うまいものは、キビヤだよ」と数冊の著書に記している。キビヤック、キビヤックとも呼ばれるこの食品は、海鳥をアザラシの中に詰め込み、地中に長期間埋めて作る発酵食品で、世界三大異臭食品に数えられる。

「アザラシの袋を掘り起こし、海鳥をぬるりと取り出して毛をむしり、肛門から溶けた内臓を啜るのがイチバン」と植村氏は書いているが、いやはや、それに比べたら、へしこの臭いなどなんでもない。だいいち、くさやや納豆よりも臭うものではない。

鼻を近づけてよくよく臭いをかぎ取ると、糠を甘くしたような発酵臭がするが、これが「うまい！」の証拠なのである。臭いを堪能しながら嚙みしめると、塩辛さと甘み、そしてふくよかでマイルドな酸味が見事に同居しており、まるでおサカナのチーズのようなコクと風味。これではお酒がどんどん進んでしまう！

そして小浜ならではのサバ寿司。

これは鯖街道に点在する専門店でもいただくことができるのだが、こちらのそれはボリューミーで果たして食べきれるだろうかと心配したが、しめサバのパンチと絶妙な甘さのバランスが素晴らしく、ぺろりと完食。

さらに通常開いて干すアマダイを生で丸焼きにした貴重な『若狭グジ一本焼き』をいただく。グジとはアマダイの福井県および京都府における地方名で、中世より〝御食《みけ》〟として若狭、小浜からの陸路にて京都まで運ばれた。口の中でホロリと魚肉の繊維がほどかれるような感触とまろやかな甘みがとても上品なのだ。

シメは『へしこ茶漬け』で、あっさりサラサラのお茶漬けの中に、濃厚なるおサカナのチーズへしこが泳いでいる。熟した甘さと辛さ、そしてしなやかな酸味を堪能しながらズズズとあっという間にたいらげてしまった。

なんという幸運だろうか。まさしく八百比丘尼の伝説と人魚像がくださった縁、そして幸江さんの思いやりに感謝しながら、宿へと千鳥足で戻ったのであった。

明けて翌日。本日は帰路につく予定であるが、朝ご飯を小浜漁港の波止にある『若狭フィッシャーマンズ・ワーフ』でいただくことにした。

こちらの2階にあるお食事処『海幸苑』にてオーダーしたのはお値打ちな『お刺身定食』である。この日のおサカナは飾り包丁を入れたサバ、マグロの赤身、ブリ、甘エビ、ホタテそれに小ダイのささ漬け。これにご飯、味噌汁と小鉢2点が付いてきた。

まずはガッツリこれをいただく。道路を挟んだ対面が魚市場特有の雑然とした魅力に溢れる、地元の業者さんが使うプロのマーケット『若狭小浜お魚センター』となっていることもあり、どの食材も新鮮で風味豊か。噛むほどにおいしい。朝からなんという贅沢だろうか。

1階はお食事&テイクアウト『新鮮劇場とれとれ寿司』となっているので、帰路に食すことができるようにと、『アジの握り』と『小鯛寿司』を購入した。

愛車にて帰路につく。煌めく日本海が少しずつ遠ざかっていった。

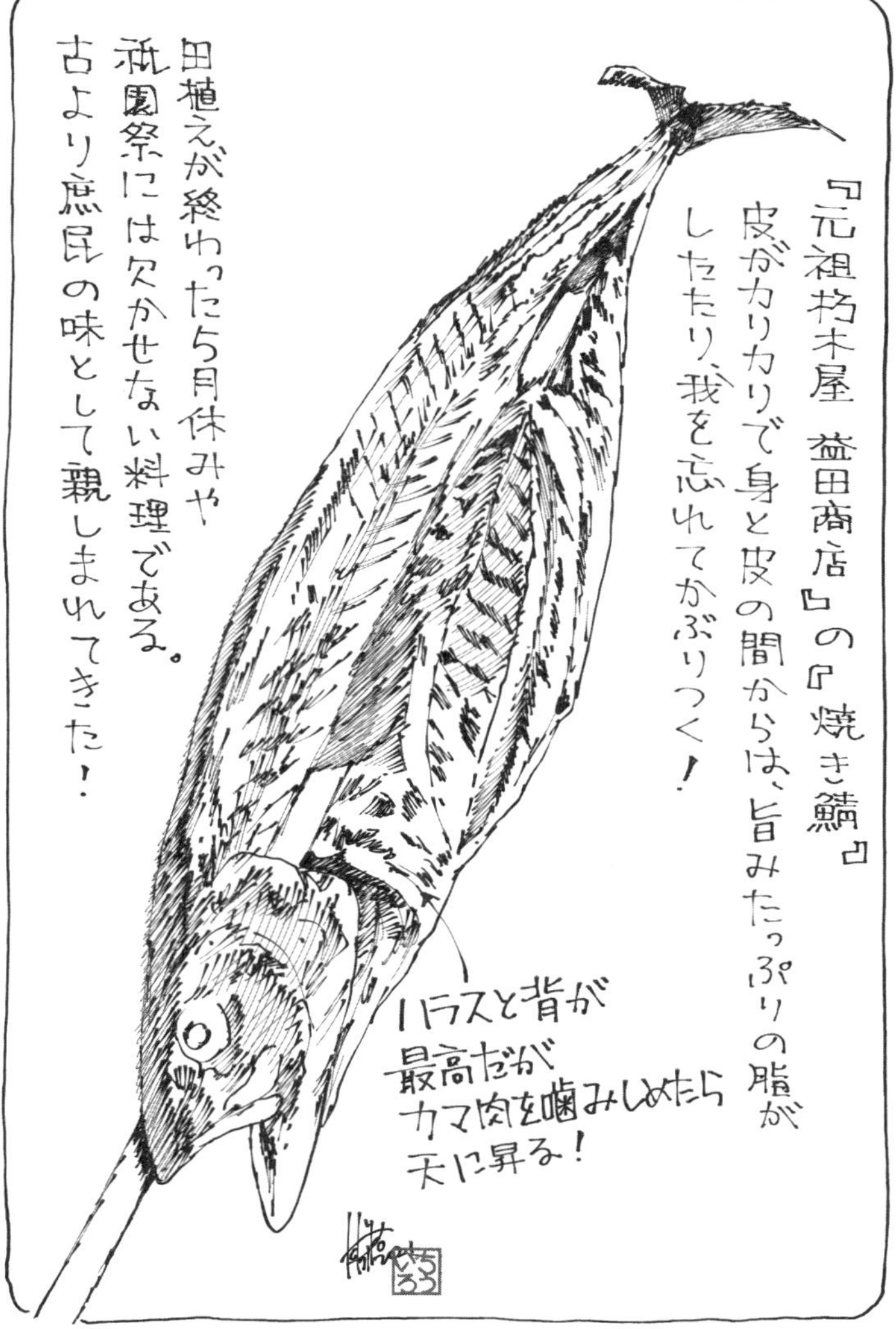
『元祖杤木屋　益田商店』の『焼き鯖』
皮がカリカリで身と皮の間からは、旨みたっぷりの脂がしたたり、我を忘れてかぶりつく！
田植えが終わったら月休みや
祇園祭には欠かせない料理である。
古より庶民の味として親しまれてきた！
ハラスと背が
最高だが
カマ肉を噛みしめたら
天に昇る！

クジラのオバケ、刺身、ベーコンを食し、旅の縁に感謝する

和歌山県・太地町

2月の紀伊半島。ボクと愛車は突風の洗礼を受けて進む。時化《しけ》で山のように盛り上がった海原は波止に打ち付け、飛沫を上げて海岸線に沿った路には潮が雨のように降り注ぐ。ビュウビュウと吹き付ける海風に愛車のハンドルを取られまいと肩に力を入れ、国道を南下すること暫く。半島突端よりやや東側に位置し、地図で見るとちょこんと熊野灘に突き出した太地町《たいじちょう》に到着。

黄昏の太地県道には大きなソテツか、はたまたドラセナと思われる大きな街路樹が植えられており、風に吹かれて葉がゆさゆさと煽られていたものの、ドラマチックな夕景を醸し出していた。後で調べたらさすが南国。その木々はなんとすべて椰子の木であった。

しかしながら、とにかく腹が減った。おなかをグウと鳴らしつつ、虚《うつ》ろな心でよたよたゆるゆるとドラマチックな街道を行くと、その先に小さな灯りがともされていた。

灯りは赤い看板の『しっぽ』というお店を優しく照らしていた。波に打ち寄せられる流木のように、ボクはそのお店にクルマをゆっくりと停めた。

強風のため風に押されて扉を開くのがひと苦労だったが、両開きのドアを強引に引きなんとかお店に入る。この扉、現在はウッディでお洒落に改装されているが、当時はとても丈夫そうなアルミ枠のサッシでできており、ガラスもＶＩＰの防弾特装車のように分厚いものであったと記憶している。

筋力を要し、気張って入ったお店の中は、常連さんと思われる方々で賑わっていた。

「いらっしゃい。凄い風やで」

気のよさそうなマスターがテーブルに導いてくれた。頭に巻いたバンダナが、表の紅い看板と同じ色でなかなか粋である。

早速メニューを開くとなんと驚き、クジラ、クジラ、クジラ、クジラ料理のオンパレードである。このお店は名高きクジラ料理の専門店だったのである。

単純にごく普通の食堂にて煮魚定食の類いをいただこうと思っていただけに、この思わぬ展開に小躍りする。なにしろクジラは大好物で、幼少期にはわら半紙の学校給食の献立を見つめ、クジラフライが出る日を見つけると喜々としていたのだ。

当時のクジラフライは、なんともバタ臭いスパイスの効いたソースがふんだんにかけられて、今思えばソースかつのような体裁であった。それをチープな味わいのコッペパンに挟んでいただくのが大好きだった。クジラフライはちょっと歯ごたえがあったが、コッペパンと一緒に噛みしめると少し油臭くて、それがまたたまらなかった。

さらに北海道に単身赴任だった父がたまに帰ってくると、晩酌のお供は赴任地から届く北国の肴であることが多く、その中に縁が朱に彩られ乳白色で半透明なちょっと変わった香りがするものがあった。それがクジラのベーコンである。

ボクはあまたの肴の中でも、特にクジラベーコンをつまみ食いするのが大好きだった。ほぼ脂身のような食感のそれは、口の中に入れた刹那、その独特の香りと味わいが広がってとてもうまかった。当時の北海道には函館や網走、室蘭に捕鯨基地があり、鯨肉も盛んに消費されていたので、ケガニやスジコ、数の子にホタテとともに木箱に詰められ、遠く北国から送られてきたのだ。

それは、父が世話をしたバス会社や観光関係の方々からのものであった。父はバス会社の営業所長として北海道に単身赴任していたのだが、営業所長とは名ばかりで、納車からクレームまですべてをこなしていた。

当時の北海道は舗装率も高くなく、屈強なリーフスプリングが折れるようなクレームもあったと聞いていたから、おそらくそのような大変なトラブルを乗り越えて結ばれたお客様とは、深い絆があったのだろう。

そんなわけで幼少期からクジラ肉を嗜《たしな》むことがあり、その少し癖のある味にはまっていた。しかしながら商業捕鯨の衰退とともにクジラ肉は高騰してしまい、今では専門店でしか味わうことができない高嶺の花となってしまったので、こちらのお値頃なメニューを伺い、小躍りする思いだったのである。

さて、どれにしようかなと悩みつつ、あまたのレシピが記される中からオバケ（尾っぽの部分、尾羽毛と書く）、クジラの刺身、クジラのベーコンが一度に楽しめてお値頃な『鯨おのみ定食』というメニューが気になったのでそれを注文した。なんと、高級な鯨肉が定食で楽しめてしまうのである。さらに、どうしても忘れられない味を食したかったのでクジラフライにテイストが似ている『クジラの竜田揚げ』を単品で追加させていただいた。

待つこと少々。大きな盆に鯨おのみ定食とクジラの竜田揚げが乗せられテーブルに運ばれてきた。喜々としながら悩んだが、まずは懐かしいクジラベーコンをひとくち。なつかしい味わいが口に広がった。あっさりしつつも濃厚、クジラの旨みがギュッと凝縮されている脂身。なんとも幸せな瞬間である。

「ベーコン、うまいでしょ。それはオキゴンドウのベーコンね」

しっぽのマスター、脇川和清さんは昭和38年（1963年）生まれでボクよりひとつ年上のセンパイであった。その語りはとても優しく人の良さが滲《にじ》むものである。

さて、次に口にしたのが、ぬた（辛子味噌）のかかった白い部位である。ううむ、コリコリしてとても心地よい歯ごたえ。噛むほどにプリプリでぬたと絡んで食感が最高である、これは絶対に日本酒に合うこと請け合いである。

「それはね、オバケっていって、オキゴンドウのヒレのところね。最初縮れて小さいんだけど、水で戻すと大きくなるから、だからオバケっていうんだよ。くじらの尾っぽで漢字で書くと、尾に羽に毛、となるから、だからオバケっていうって説もあるんだよね。どちらかというと酒の肴で、食感を楽しむものだね」

さすが専門店のマスター、博学である。さらに指で空気に漢字を記したエア筆跡で説明してくれるところが、これまたなんとも素敵である。他にベーコン、オバケはオキゴンドウが適しており、竜田揚げなど熱するものにはハナゴンドウ、ミンククジラが適していること、この地方では古くはクジラのことを勇魚と書いて〝いさな〟と呼んだことなど、あまたのクジラ雑学を教えていただいた。

オキゴンドウのその名前の由来は、沖合に棲息するゴンドウクジラということで、実にシンプル。一見可愛いイメージがあるのだが、実際はシャチと同様にイルカなどの小型のクジラを捕食するハンターだ。成熟した個体で体長は6m、体重は1500kgほどに達する。10頭から多いときには50頭程度の群れをつくって行動しており、その寿命はなんと60年ほどで、なかなか長寿なのである。

オキゴンドウはIWCの規制の対象になっていないので商業捕鯨を行っても違法ではない。実際、日本各地で小型の鯨の捕鯨は行われているのだ。

御指南いただきつつ、熟成した赤ワインのような色合いのクジラの刺身に手を付けた。これはまさにその色合いに相応しいお味。とても柔らかく、噛むほどにあとを引くおいしさで、熟したその甘さはモミジ（鹿）やサクラ（馬）の刺身に近い味わいで温かいご飯にも最高であった。

「そこは尾の身の刺身ね。食べやすくておいしいでしょ」

脇川さんは目を細めてさらに太地のお話をしてくださった。それがすこぶる面白く、その夜は話が昂ぶって長い夜になった。

酔いも回り、ボクの趣味は釣りで、日本中釣って回っていること、そしてそれを雑誌の連載にしていることを告げ、「海に囲まれた太地の町だからして、どなたかお船で釣りに連れて行ってくれる方はおりませんか」と脇川さんに尋ねると、せっかく太地の町に来たのだから是非釣っていけということになり、ありがたくも太地町の商工会経営指導員の方を紹介してくれるという。なんと素晴らしい脇川さんのネットワーク。ご親切とご縁に感謝しつつ、愛車をこちらへ預けてフラフラと宿へ向かった。

ちなみに鯨おのみ定食は現在リニューアルされて『しっぽ定食』、『鯨さしみ定食』、『鯨かつ定食』などに遷移しているが、そのおいしさは変わらないので是非ご賞味あれ。

明けて翌日。船のオーナーであり、太地町の商工会経営指導員の室野紀嗣さんが、ありがたくもしっぽに迎えに来てくださった。

「いやぁ、本当に助かります。もちろん、太地町のPRもバッチリさせていただきます」

第一印象を良くするべく、ひたすら調子よく振る舞うボクに室野さんは、「イカ、イカです、イカ。今日はアオリイカ行きます。道具もあるからお貸ししますよぉ」と、微笑みながらもお目々をキラキラと輝かせすでに臨戦状態である。

この御方も、なかなかの釣り酔狂のおひとりであると、瞬間に察知した。ボクが釣り道具を持ってきていることを告げると、「そ〜ですかぁ、イカ道具ありますかぁ〜。港に仲間がいますから。イカ名人ですから。一緒に行きますからぁ〜」とのことで、室野さんのおっしゃるとおり、港にはしっかりとライフジャケットを着込んで、道具もバッチリ準備されたお仲間、菊本雄太さんと、漁野真司さんがスタンバってくれていた。

室野さんの船の名は『正丸』といい、全長6・2m、全幅1・64mのディーゼル和船で、船体、エンジン共にヤマハ製である。駆動は船内の機関からプロペラシャフトでプロペラを回すシャフト仕様。操舵はテーラー（操舵棒）という実にマニアックな仕様だ。

「小さいけどシャフトなんで、波にはめっぽう強いんです。結構荒れても帰ってこれますよぉ～。38馬力のディーゼルなんで、そんなに油食わないから凄く経済的です」

室野さんは船のスペックを解説しつつ、地元の人が『さべひろ』と呼ぶポイントまで正丸を進めスロットルレバーを中立。これより船を流しながら、いよいよ日本古来のルアー、餌《え》木《ぎ》でイカを釣るエギングの開始である。

「この辺は一年中アオリイカが釣れるんですよ。この辺ではアオリイカをモイカっていうんです。シーズンオフがあるとしたら、う～ん、今頃かなぁ（笑）。この船ではイカばっかり釣ってるんです。とにかくイカ命の船です」

笑いながらしゃくり続ける室野さんであったがその刹那、ロッドがググッとしなり、プシュウウウゥ～プシュウウウゥ～と、ちょっと間抜けな空気の抜ける音、それと共にスミを吐き観念したアオリイカを舷側に寄せてヒョイと抜き上げた。続いて数分もしないうちに菊本さん、漁野さんにもヒット。さらにそれを横目で眺めていたボクもヒットとあいなった。いやはや豊かな太地の海に驚きである。

その後、それぞれが数杯を追加したところで風が強く吹き始めたため納竿。帰港後に再びしっぽに足を運んで盛り上がる。

「オヤジが捕鯨船乗りでじいちゃんが漁師だったんで、もの心ついたときから海が遊び相手で、ほんと、釣りばっかりでした」

室野さんがしみじみとその生い立ちを話してくれたのだが、その横から脇川さんが、「そのわりには、イサナを釣ってこんね」とジョークを飛ばした。

皆、大笑いであったがその昔、クジラを〝イサナ（勇魚）〟と呼んだ太地の人々の感性と、そのイサナという言葉の響きに愛慕を覚えた。

それから数年後、ボクは念願叶って小さなボートの共同オーナーとなった。登録した船名は『鯨』と書いて〝いさな〟と読む。

心地よい日に出船したときには、太地の海を思い出して東京湾の水面を見つめる。太地の海よりは少し青さが足りない気がするが、それでも十分心地よい。

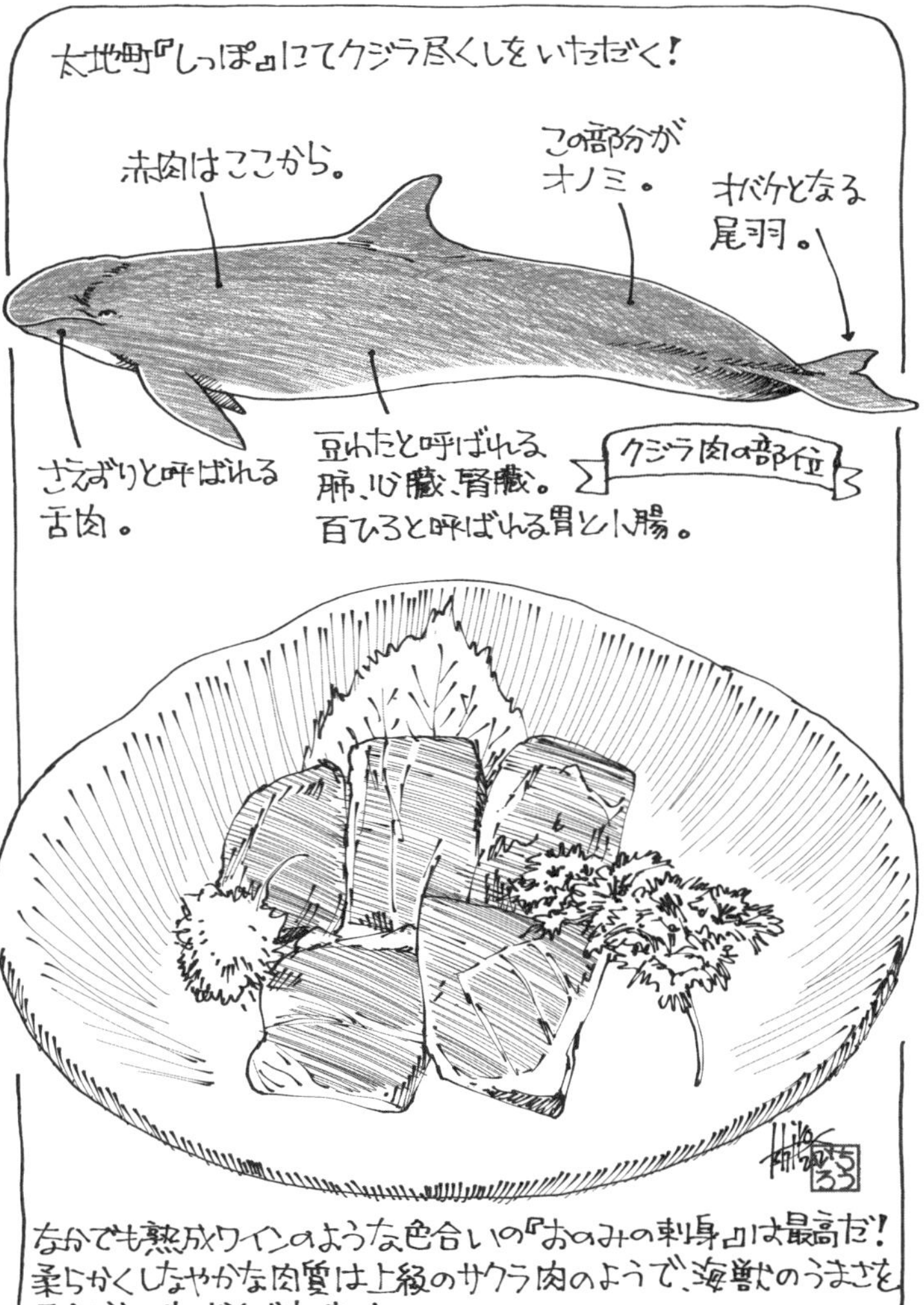
太地町『しっぽ』にてクジラ尽くしをいただく！
赤肉はここから。
この部分がオノミ。
オバケとなる尾羽。
さえずりと呼ばれる舌肉。
豆わたと呼ばれる肺、心臓、腎臓。
百ひろと呼ばれる胃と小腸。
クジラ肉の部位
なかでも熟成ワインのような色合いの『おのみの刺身』は最高だ！
柔らかくしなやかな肉質は上級のサクラ肉のようで、海獣のうまさを
再認識したボクであった！

瀬戸内二大島を巡り、焼きアナゴとひしお丼を深く吟味す

兵庫県・淡路市、香川県・小豆島町

本州西部、四国、九州に囲まれた日本最大の内海、瀬戸内海は古より西日本の主要航路として栄えた。

瀬戸内海式気候と呼ばれる温暖で雨量が少ない気候と、豊かな生態系を持つ海域は、太古より人が生活する素地を支え、文化を育んできたのである。

また、多島海としても知られ、その諸島数はなんと700以上である。ここでは瀬戸内最大の兵庫県、淡路島と、それに続く規模の香川県、小豆島を旅してみよう。

瀬戸内海東部に位置する瀬戸内最大の島、淡路島をボクがはじめて訪れたのは、2011年の4月のことである。

陽春の夜明けの風を受けながら、愛車とともに育波《いくは》漁港に到着。これから待望のコウナゴ漁の取材をさせていただくのだ。

快く取材を引き受けてくれたのは『エビス丸』の若船頭である小溝悠介さん（以下悠介さん）である。ボクはモーターマガジンという自動車雑誌にて『クルマでゆるゆる日本回遊

記』という連載をかれこれ16年続けており、その旅の取材として、こちらのエビス丸さんにコウナゴ漁の乗船をお願いしたのだった。

「今から出ますね。ボクは曳き船に乗るさかいに、うぬまさんはエビス丸に乗ってさい」と、白い歯を見せて舷側をポンと軽やかに蹴り、曳き船とともに波止の外に元気に滑り出していった悠介さん。エビス丸もブルブルと船体を振るわせて曳き船に続く。操舵室では、祐介さんのお父さんである小溝晃さん（以下晃さん）が舵を取る。

「漁は他の2隻の曳き船と、この船の3隻でやるんやけど、エビス丸はサカナを運ぶ運搬船と、サカナを探したりする司令船の役目を兼ねおるんですわ」

温厚な語りで晃さんがエビス丸の運用を説明してくれた。エビス丸は育波漁港より4～5km沖の室津の瀬という漁場に到着。晃さんが魚探を睨み無線で曳舟に指示を送る。水温が上がるとコウナゴは砂に潜ってしまうとのことで、どうやら水温が上がる前の早暁が勝負らしい。

網入れは日の出以降と組合で決まっている。光り輝く水平線を背景に、曳き船が一斉に網を投入し流し始めるその瞬間は、なかなか壮観。2隻の曳き船は、その後1時間ほど網を引くとエビス丸に沿って停船。曳き船の網をエビス丸のクレーンに繫いで巻き上げる。網は徐々にその姿を現す。ザワザワとひしめくピカピカの内包物は、船尾に設けられた巨大な箱に投じられた。

あれよという間に箱は、目を見張るほどのコウナゴに立派なマダイ、スズキにウマヅラハギなどで満たされていく。祐介さんと数人の乗り子さんが間髪を入れずに箱に駆け寄り、タモ網でキラキラ光り輝くコウナゴをすくっていく。

突然、振りかぶったタモ網から飛んだ1匹のコウナゴがぶら下げたカメラバッグの上に切れたようにポトリと落ちた。ボクはそれを持って「食べていいですか」と祐介さんに聞くと、笑顔でどうぞとの回答。「醤油いりますか?」と聞かれたが、既にコウナゴはボクの口の中だった。

口の中で跳ねるコウナゴをプチッと噛み砕く。海水をタップリと纏っていたこともあって、深い甘さとあいまったそれは意外にいけた。そんなボクを見て晃父さんが、「コウナゴもうまいけど、ここからクルマで10分ほどの豊島の街でうちのアナゴを焼いとるから、それ、うまいから食べていってくださいよ」と、絶品の焼きアナゴがあることを教えてくださった。

実は淡路島は〝焼きアナゴ〟で有名な島なのである。オリーブやタマネギ、淡路牛、コウナゴやシラスのみにあらずなのだ。

早速『魚増鮮魚店』にお邪魔したボク。こちらのお店〝淡路名物焼きあなごの専門店〟としてたいそう有名な店舗なのである。遠くから足を運ぶ方々も多いが、日々のオカズとしてこちらの焼きアナゴを求める地元のお客さんで、平日ですら午前中でアナゴが尽きて終わってしまうこともあるという。

お店に配置されたグリルではジュウジュウと小気味よい音を立てて、アナゴが焼かれていた。焼いたアナゴは受籠に置かれていくのだが、それがまるで積み上げられた木材を思わせ壮観である。

濃厚な香りを放ち、白くたなびくアナゴの煙が目に染みるとおなかがグウと鳴く。こちらで焼かれているアナゴはいわゆるマアナゴといわれる種類で、瀬戸内海でアナゴといえば間違いなくこのマアナゴを指すのである。

マアナゴの漁には日本各地で筒や胴と呼ばれる円柱の仕掛けが用いられるが、ここ瀬戸内ではエダスに針と餌を付けて流してから引き上げる延縄漁も多く見られる。

軍手をしたおばちゃんが、タレに漬けては焼き、またタレに漬けては焼き、と丁寧にアナゴを手際よく焼き上げる。早速おばちゃんにお願いして焼きたてのマアナゴをいただく。

熱々のそれをフーフーとやりながらいただいたのだが、砂糖と醤油の焦げたような香ばしく甘い香りが鼻腔に広がってなんともたまらない。身はジューシーでふわふわとして甘じょっぱい。パンチがあるのに優しいという二面性を持ったお味にボクは激しく魅了された。そのあまりのうまさに、ボクは頭も食べておばちゃんに笑われてしまった。

ちなみにこちら、あくまでも焼きアナゴと鮮魚店という販売店舗なのでイートスペースは設けていないが、その場でいただくと言えば、おばちゃんが発泡スチロールのトレーに焼きアナゴを乗せて、ちゃんと割り箸を添えてくれるのでお店の横でがっつくのがいい。

さて、この焼きアナゴがあまりにもうまかったので、ボクはアナゴ料理をもっと深掘りしてやりたくなった。そんなわけで洲本港にておサカナを眺め、洲本の街をゆるゆると探索した後に、内陸へ少し入った『松葉寿司』にて『あなご棒寿司』をいただく。

松葉寿司はなかなか立派なお店の構えでちょっと緊張しながら邪魔すると、板さんと女将さんが笑顔で元気に迎えてくれた。早速あなご棒寿司をお願いする。棒寿司というからには長い棒状のものが出てくると勝手に妄想していたボク。しかしながらそれは、見栄えのいいお皿に整然と切り分けて盛られていた。

「これはでっかい焼きアナゴを1本つこて、中に蒸しアナゴと椎茸を入れたものなんです」

と、女将さんが説明してくださった。

早速箸でそれを口に運ぶ。「え？　なにこれ？」と、目が潤む。酢飯に馴染んだ焼きアナゴは、単体でいただいたそれよりもさらに落ち着いてよりふわふわジューシーであった。より香ばしく風味豊かになって、甘じょっぱさが優しく整えられているのだ。滅茶苦茶うまい。アナゴとはかくも美味なるおサカナかと、深く深く恐れ入った。

さて、所変わっての小豆島。

瀬戸内海で淡路島について2番目の大きさとなるこの島は、弥生時代から塩が生産され、江戸時代には醤油の産地として名を馳せた、いわば日本食の基盤となる二大調味料の長い歴史が綴られた島である。

神戸港より小豆島ジャンボフェリーに揺られて坂手港に着岸。愛車の窓を開けると少し暖かな春の風とともに、とても香ばしくておいしそうな香りが車内に満ちる。佃煮屋さんが島の醤油で新鮮な素材を炊いて、佃煮の仕込みに入っているのだ。

「ク～ッ、こりゃたまらん」

島内をぐるりとドライブしつつ、いよいよ腹が減ったので、福田港の焼きアナゴ店『梅本水産』へ。ちなみに瀬戸内といったらやっぱりアナゴで、淡路島アナゴ症候群がまだ抜けきれないボクはソレに強く惹かれてしまうのである。

早速『アナゴ丼』を注文すると、香ばしい焼きアナゴをご飯に並べたアナゴ丼が運ばれてきた。タレがたっぷりかけられ、それがテリッと輝いてもう我慢ができない。

遠赤効果の高い業務用のグリルで焼かれたアナゴは、フワリと柔らかく、タレがじんわり染みて口の中にまろやかな甘じょっぱさが広がる。それにタレが染み込んだご飯が混ざると、これがもうたまらない。小豆島のアナゴも格別であると深く理解したのだが、残念ながらこちらの『梅本水産』は現在閉店となってしまった。

しかし、アナゴばかりだと芸がない。せっかく小豆島に来たのだ。さて、この島ならではのソウルフードを食してみたいものだと求めながら、佃煮屋さんや醤油蔵をまわった。

「この島には、醤油のご先祖様といわれる、『ひしお』っちゅうもんがあるんです。それがなかなか味わい深いんですわ」

島のソウルフードもとい、我が国を代表する調味料のひしおというものがあるとボクに教えてくださったのは、『丸仲食品』社長の柴田潤逸さんである。

31年連れ添う、奥様のいづみさんと2人で、島の醤油以外一切使わずに、カエリチリメン（カタクチイワシ）をコトコト煮込んで、それはそれは上等な佃煮を作っていらっしゃるのである。

食べてみなさいということで、炊きたてのそれをひとくちいただく。かなり熱かったがものともせず頬張り、モシャモシャと咀嚼する。

「う、うまい……うますぎる!」

口の中に甘口醬油の風味と、カエリチリメンの香ばしく甘くほろ苦い味覚が広がった。

その足でひしおを食することができるという内海湾の『さぬき庵』へ向かう。こちらは生粋のうどん屋さんなのだが、おいしい『ひしお丼』を食べさせてくれるらしい。ちなみに小豆島ではひしお丼を全国に知らしめるべく、小豆島町商工会にてレギュレーションを設けて各店舗にてそのキャンペーンを展開しているのである。

ひしお丼の定義は、小豆島醬の郷で作った醬油やもろみを使うこと。小豆島の魚介、野菜や地元の素材を使うこと。箸休めはオリーブかつくだ煮を使うこと。とのことで、さてひしお丼とはどのようなものなのだろうと、待つこと少し。

大きなドンブリには、錦糸卵がちりばめられた上に、ボイルしたエビとホタテ、そして、もろみとオリーブが添えられた具材が乗っており、彩りが美しい。それに小皿に入った醬油のご先祖差まであるひしおを、たっぷりとかけていただくのである。

「いただきます!」と、ガッツリ頬張ると、想像していた味とはまったく違っており、ある意味裏切られた。しかしながらそれはすこぶる嬉しい裏切りであった。醤油のご先祖様であるひしおは、醤油と味噌の甘さと香ばしさを足して割ったような風味で、これが実にうまい。そこにオリーブオイルが加わるのだからこれはもう調味料の夢の祭典である。

ひしお丼の味わいはかなりイタリアンな風味に傾くが、具材のエビと錦糸卵の甘さ、さらにご飯のもっちり感がブレンドされる。そこにひしおが染みるとさらに濃厚な味わいとなる。うん、これは最高にいける！

張ったおなかをいなしつつ、食後に「ここは見逃すな」と柴田社長から勧められた『天狗岩丁場跡』に向かい『天狗岩』を見物する。その推定重量は驚きの1700tである。

撮影しようとカメラを構えるとそれはファインダーに収まりきらず、ボクはどこまでも後ずさりしなければならなかった。

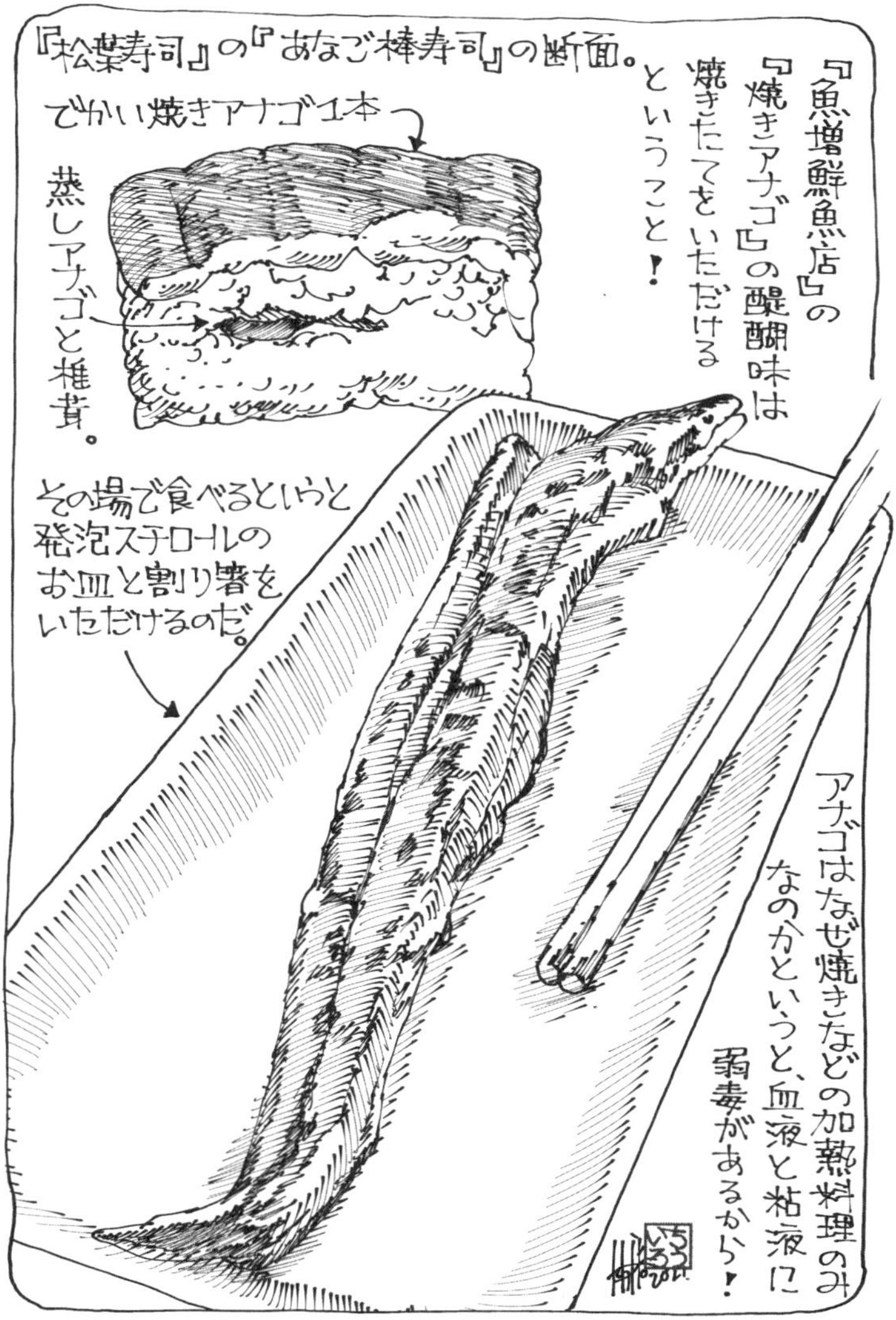
『松葉寿司』の『あなご棒寿司』の断面。
でかい焼きアナゴ1本
蒸しアナゴと椎茸。
その場で食べるというと発泡スチロールのお皿と割り箸をいただけるのだ。
『魚増鮮魚店』の『焼きアナゴ』の醍醐味は焼きたてをいただけるということ！
アナゴはなぜ焼きなどの加熱料理のみなのかというと、血液と粘液に弱毒があるから！

これぞ地魚定食。ネギと唐辛子でいただくハマチと白ハゼの煮付け

広島県・尾道市

尾道の2月の夜はかなり冷え込む。風は優しくほぼ無風だが、カメラ片手に夜散歩と洒落込み、一眼レフのボディに触れるとずいぶんと冷たいので、ボクは急ぎ手袋を装着した。

この町はなかなか洒落ている。土蔵や幕末のお屋敷をそのまま流用したと思われる味わいのある商店、昭和初期の設計を思わせるレトロなビルなど、とても絵になる建築が連なっている。

演出過剰で目に悪いギラギラの街頭や電飾がここにはないので、ほどよく闇に包まれておりそれが素敵なのだ。

この街の歴史は古く、市内の太田貝塚は約5000年前の縄文時代のものとされている。平安時代の嘉応元年、1169年には対明貿易船の寄港が始まり、港町としての産声を上げる。以来、800年超の歴史があるこの街が栄え始めたのが江戸時代、蝦夷地と大坂を結ぶ北前船の寄港が始まってからだ。

その繁栄ぶりは〝北前船が寄港すると町がひっくり返るような賑わいを見せた〟といわ

れたほどで、古風だがどこか豪壮な趣がある屋舎の一部は、そんな時代からの名残なのだ。雅《みや》びた光を放つ街灯に、どこか奥ゆかしく照らし出される町並みの撮影を楽しんだボクは、宿にて深い眠りについた。

翌日。長い歴史を持った街並みが陽光に栄える尾道を行脚する。恥ずかしそうに佇んでいた小夜の景色もよろしかったが、お天道様に照らされるこの街はもっと素敵だ。

海側の地域と山側のエリアを分けるのは、国道2号とそれに沿った山陽本線である。その山陽本線のガード下がすこぶる面白い。クルマは勿論、自転車さえ通行できない、極端に背の低い造形のトンネルが地下壕のように造られている。

そんな高架下から、イキナリ段差の大きな急斜面にはりつくような階段が現れたりする。こんな魅力を持った街は、そうざらにはない。だからしてこの街は、映画のロケ地として多くの名作を生んできたのだ。

名監督か、はたまた著名なフォトグラファー気取りで、カメラ片手に細い路地を行き、傾斜のきつい坂道を登って散策を始めた。古い木枠の窓や門に不思議な飾りが施されていたり、街の辻に突然カエルやフクロウ、小さな仏像などの立像があったりと、この街にお住まいの方々が演出してくださっている様々なアートも実に愛らしい。ゆるりとして心癒やされるのだ。

路はさらにうねうねと連なり、斜度はますますきつくなったが、千変万化の奇岩、奇勝溢れる千光寺へ到着。

これまた急な階段を登って、『西遊記』にでも出てきそうな雰囲気の本堂へお邪魔すると、そこは天空のテラスだった。眼下に尾道の街を一望できてとても気持ちが良いのだ。

本堂の角にはお守り屋さんが店を広げており、お守を売るおばちゃんが、「いらっしゃい～、どこからですか?」と、素晴らしき笑顔でボクを誘うのであった。

「あら川崎からぁ、死ぬ前に大師さん行ってみたいわぁ。この達磨さん、目出しダルマっていって目が出るんですよ。それでね、中には観音様とか七福神とかが入っててねぇ」

情熱の饒舌！　おばちゃんのあまりにも素晴らしいトークに、ボクは迷わず自分と家族の目出しダルマを購入してしまった。そしてうかつにも必要以上のお守りを購入する。

いやしかし、これでいいのだ。無形文化財級の素晴らしきおばちゃんと、おばちゃんのちっちゃなお守り屋さんを後に坂を下ると、なんだかとっても大きな幸せをいただけたような気分になった。

さて、あちらこちらと尾道の街を散策すれば、自ずと腹が減るものである。いよいよご飯だと、尾道市・三原市糸崎町・福山市松永地区にわたる尾道糸崎港沿いに見つけた『後藤屋』に飛び込んだ。

元気に出迎えてくれたのは、ご主人とお母さんである。テーブル席に着座してメニューを見ると『地魚定食』があった。しかもオカズの品が多く、かなりお値頃である。

「その日によって獲れるサカナが違うんでメニューも変わるんじゃけど、今日はハマチの刺身と白ハゼの煮魚、カキ天に漬け物とクギ煮、それとご飯とブリの吸い物になります」

ボクは一瞬耳を疑った！　え？　そんなに付いてそれで夏目漱石1枚に硬貨260円ですか（2010年当時）。迷うことなんてなにもない！　迷わずその地魚定食を注文した。

お茶をいただきながら待つことしばらく。多くのお品を乗せた盆がやってきた。

ハマチと聞いていた刺身はその半分がマダイで、嬉しいサプライズであった。大根のツマの上に、ハマチ、マダイが乗せられそれぞれにどっかりと刻んだ長ネギ、そして少し多めに振りかけられた七味唐辛子。薄い乳白色の身の縁が少し朱に染まったブリやマダイ、その色合いとのコントラストがとても美しい。

「そうやって食べるのがこの辺の食べ方なんです。今日はええハマチが入ったけぇのぉ！」

ハマチは広く知られるように出世魚であるブリの若魚で、広島では出世順にヤズ→ハマチ→ブリと呼んでいる。ちなみに関東地方では、ワカシ→イナダ→ワラサ→ブリとなる。瀬戸内海では50cm以下の若魚をハマチといい、でかいブリよりもむしろこちらのハマチを好むのである。

釣りをしているとよくわかるのだが、でかいブリは鮮度が高ければ高いほど独特のえぐみというか青臭さが強く、冷蔵倉庫で2、3日寝かせないと旨みが熟成されないのだ。また脂もキツイので、産地から距離のない瀬戸内周辺の街では、出荷されてすぐ、少なくとも冷蔵庫に寝かせて1日ほどでおいしくいただけるハマチが好まれるのもよくわかる。

アオリイカやマダイなどもそうなのだが、魚種によってはある程度身を熟成させて、旨みが極まってからいただくほうがおいしいものもあるのだ。

勿論、血抜きやワタ抜き、できれば神経締めと冷温保存といった管理をしっかりと施さなければ意味はないのだが、釣ったその場で食べるのがおいしいとは限らないのである。

ハマチの成魚であるブリのその語源の由来は、ちょっと複雑で面白い。身に脂が多くあり死後硬直が遅いので、手に持って運ぶとぶらぶらするために〝ぶら〟がブリになったという説や、脂肪が多いことから、あぶら、ぶら、ぶりと変化したという話など、古くは飛鳥、奈良時代から朝廷に献上されてきたおサカナ、食用として利用され続けてきたブリゆえに、各地に様々な名の由来があるのも頷ける。

一方、予期せぬ出合いとなったマダイであるが、これは嬉しい誤算であった。マダイはその名のとおり、めでたいとか、平たいという言葉がその名の語源となった広く知られるおサカナである。日本を代表する高級魚のひとつで、赤い身が鮮やかで可憐なため、めでたい席にふるまわれることが多い。

この赤い色はエビやカニなどの甲殻類に含まれるアスタキサンチンという赤い色素が体内に蓄積したもので、面白いことに魚食性が強いマダイはどす黒かったり銀化（降海型のサケマスのようにギラギラとした様子）がかったりと、その食性で体色が変わるのだ。

旬は秋から春となるが、珍重される桜の咲く頃の〝桜鯛〟は、実は産卵を終え、身から脂分がすっかり抜けてしまい衰えた魚体も増えるので要注意。本当に脂が乗ってうまいのは水温がグッと落ちた晩秋から冬である。

白ハゼの煮魚は、あまり聞き慣れないおサカナだなと思って、よくよく見たらクラカケトラギスであった。四国や九州、そしてここ広島ではトラギスの仲間はハゼと呼ばれて珍重されている。鮮魚店に行くとワタが入ったまま干して、焼いて食べるときに発酵した内臓も楽しむ『まる干し』もよく見かける。

トラギスの仲間は、キス釣りに行くと外道（目的外の魚種）でよく釣れるのだが、これがすこぶるうまいおサカナなので、ボクの場合、本命のキスよりもむしろこちらが嬉しかったりする。

さらにカキ天であるが、カキの揚げ物といえばフライが定番。しかしながらこれはフライでなく天ぷらということで、その食感が大きく違うのである。

「カキ天はあまり火を通し過ぎんようにして、生のカキの食感を楽しんでもろうとります」

ご主人がカキ天のレシピを説明してくださる横で、ボクは早速長ネギと七味唐辛子のハマチとマダイに醤油をかけて口に運んだ。もう辛抱たまらないのだ。七味唐辛子がタップリとかけられたネギと一緒にモシャッと数回噛んで舌でもてあそぶ。するとハマチの脂がじんわりと広がり、醤油とネギ、そして七味唐辛子とブレンドされて、甘く、辛く、ねっとりとしてじゃっきり。うわぁ！　これはなんぞや！　めちゃくちゃうまい！

イケスで飼育され、餌の管理もバッチリ行き届くようになった養殖ハマチは、実は一年通してうまいおサカナで、天然ものよりもむしろ高値が付く養殖ブランドが少なくない。

しかしながら細かいことを言えば、秋から厳寒期のそれは特にうまいのである。これは天然ものならなおさらのことで、脂が乗って肥えたハマチは実にイケルのだ。

そのうまさ溢れるハマチを、さらにこちらの食べ方でいただくと、ネギのシャキッとした食感と辛みが嚙むほどにねっとりと甘くなるハマチの身と混ざり合い、そこに七味のパンチが加味されて極上の三重奏を奏でるのである。いやはや、これにはヤラレタ！

ハマチよりも少し淡泊となるマダイも同様の効果で、ネギと七味の効果をもってすると、その身がより甘くまるく、奥深く感じるのである。

そういえば高知や鹿児島、そして沖縄でも七味や一味、そして島唐辛子を塩で練ったグースでおサカナをいただいたことがある。〝ワサビでなく唐辛子で〟という食文化はどうやら西高東低であるようだ。

興味津々の『白ハゼの煮付け』は、やっぱり期待どおりのお味だった。そして、目をじっとこらすとトラギスの仲間同様のウロコ目と斑文がしっかりと残っていることが確認できた。それでもって尾ビレが長いので、うん、これはまず間違いなくトラギスではなく、クラカケトラギスだろう。

前記したが、そのお味はとても美味で、たとえるなら少し締まりのあるカレイの煮付けであるが、その身は嚙みしめるともっと濃厚で、丸干しをいただくとよくわかるのだが、皮と身の間に旨みが濃縮されている感が強いのである。クラカケトラギスはお世辞にも格好が良いおサカナではないのだが、漁師からは「昔から不細工なサカナほどうまいといわれているのだ」と、よく聞いたものである。

ドンコやオニカサゴ、カジカにメヒカリなどはその典型だろう。そしてこのクラカケトラギスもしかりである。

トリに控えるは『カキのてんぷら』である。これはもうサクサク熱々で、猫舌のボクは必要以上にふぅふぅと言っていただかねばならないのだが、サクサク熱々が少しでも噛むとプリプリにしてねっとり濃厚に変貌するのだ。マスターのおっしゃるとおり、中は極めてジューシーで、ましてやここ尾道、広島界隈はカキの本場である。新鮮なカキは生でも熱くても、やっぱり海のミルクなのだ！

「ありがとうございました。また来んさい」

マスターとお母さんが送り出してくださり、ボクは引き戸を引いて暖簾《のれん》をくぐり、黄昏れてきた尾道糸崎港沿いを眺めた。

1円ぽっぽと呼ばれる渡し船が遠くに白い航跡を描いていた。

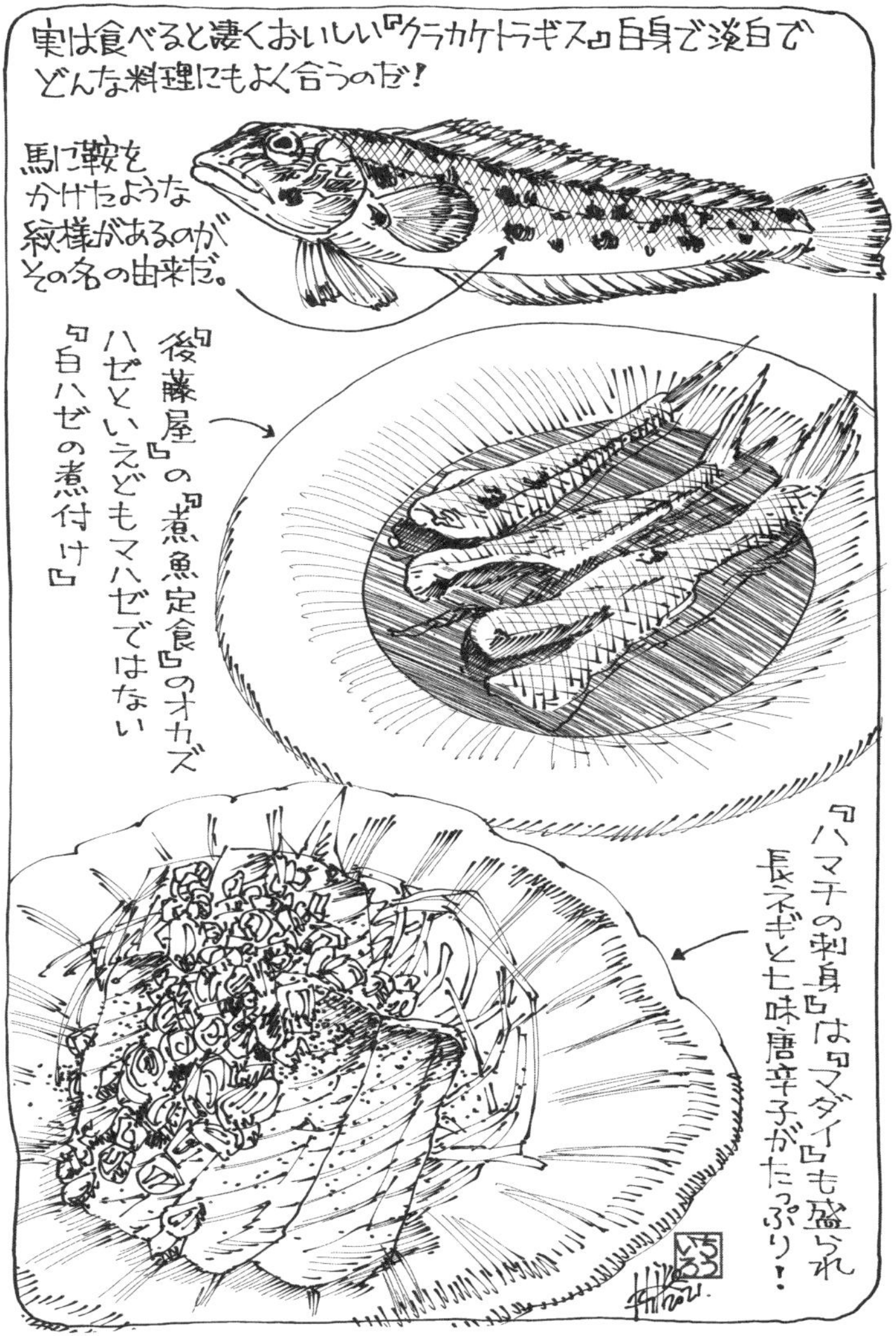
実は食べると凄くおいしい『クラカケトラギス』白身で淡白でどんな料理にもよく合うのだ！
馬に鞍をかけたような紋様があるのがその名の由来だ。
『後藤屋』の『煮魚定食』のオカズハゼといえどもマハゼではない『白ハゼの煮付け』
『ハマチの刺身』は『マダイ』も盛られ長ネギと七味唐辛子がたっぷり！

とんねる横丁でヒラスのカマ塩焼き、カキ焼海道でワタリガニに血沸き肉躍る

長崎県・佐世保市、佐賀県・太良町

長崎県佐世保市を訪れたのは、雨がしとしとと降る年の瀬の午後であった。

明治時代より軍港として海上防衛の重要拠点とされたこの地は、もともと歪な海岸線に輪をかけて、防衛及び秘密保守のために道の造りが極めて複雑である。

うねうねと曲がりくねった細路が多く、そのカーブに沿って高い壁が張り巡らされた箇所も多く、さらに斜度のきつい山々に囲まれた地形であるため、激しい高低差も加味され、まるでジェットコースターか、はたまた迷路のような構造なのだ。

入り組んだ道を行くと、時折背の高い大型クレーンが見え隠れする。雨滴に濡れたそれは、鉛色の空を背景に、少し霞んで寂しそうに佇んでいる。行き着いたところは、『とんねる横丁』という怪しい文字が書かれた長屋風の小さな市場であった。

建屋全体から滲む空気が奇妙であることにすぐに気づく。近づいてよく見ると、そのお店の入り口に当たる開口部が、カマボコ型で、なかには露天掘りのようにゴツゴツした形状のものもあり、店舗のどれもがウナギの寝床のように狭く奥に深い構造なのだ。

実はこの商店街、戦中の防空壕をそのまま利用して改装したもので、その名のとおり、個々のトンネルに種々雑多な商店がギッシリと詰まったマーケットなのだ。

商店はどれも規模こそ小さいが、狭小な敷地にこれでもかと商品を詰め込んで、なんとなくアジアンテイスト。

極彩色豊かなフルーツが盛られた果物店に、燻し銀に輝く包丁やくさび、焼き印を並べた刃物店、ぷるんとした艶やかなホルモンしか置かないホルモン専門店に、大きなクジラの看板に鯨肉の各部位がイラストで描き込まれたクジラ専門店など、様々な専門商品が詰め込まれたトンネルは、まるでおもちゃ箱のようで、混沌としながらキラキラと輝き、ドキドキ感を一層煽るのである。

黄昏時になり灯りがともると、とんねる横丁はまた格別の顔を見せた。隅々にまで光量が行き届かない中途半端な灯りが、トンネルの中をうっすらと優しく照らして、繭《まゆ》の中にいるような雰囲気である。

闇と光が交錯する世界にボクはゆっくりと近づいた。低い扉が待ち受け、その扉の上は壁なのかシャッターなのかわからない造形で、さらに小窓が開いていた。防空壕の店舗だけにおそらく空気を循環させるための空気孔なのであろう。

低い扉の横のショーケースはかなり外側に飛び出していた。なんともエキセントリックなその組み上げに驚きつつ、それを覗くとうまそうななにかのカマ、そしてぎらりと輝く焼きサバが並んでいた。おそらく本日のオススメのメニューなのだろう。

ボクは不思議の国のアリスで、アリスが兎の穴を覗いたように、その極めて低い扉を開いた。『四軒目食堂』と書かれた紅い暖簾が、ちょうど腰をかがめた状態でボクの顔に纏わりついて一瞬視界を失う。

かまわずそのまま進むと、あれれ、お客さんが既に着座しているではないか。鰻の寝床のような店内はまさしく狭小なトンネルであった。カウンターがほぼ真ん中に置かれているので、常連ではないボクは気を遣ってしまい、移動がなかなか難しい。

「いらっしゃい～」

頭にタオルを巻いたマスターが元気に迎えてくれた。カウンターに四角い業務用のおでんナベが置かれて、串に刺されたたくさんの具材が煮込まれていた。早速そのおでんをいただくことにした。アゴ（トビウオ）出汁だろうか。

まずはスジ、そして大根をお願いして、フーフーと冷ましながらいただいたのだが、いやはやこれが実においしい。よく火が通り、スジは柔らかく、大根はジューシー。これは期待できると、早速ショーウインドウにあった〝カマ〟をオーダー。勿論ご飯と味噌汁も頼んだのだが、これがもう凄まじくお値頃でビックリであった。

「はいはい〜。ヒラスのカマ塩焼きとご飯と味噌汁ね」

マスターは極めて明るい御方でボクのオーダーをカウンターに並べてくれた。

ヒラスとは、ヒラマサの地方名である。最大2・5mにもになるブリ属のゲームフィッシュでもあり、ブリに似ているがまったくの別物といっていい。雄牛のように獰猛という意味で〝ブルファイター〟とも称される。ここ長崎では磯からルアーで狙う猛者もいるが、強烈に引きまくり、釣り糸を切るので、なかなか釣り上げることが難しいのだ。

さらにその味もブリを遥かに超える。柔らかく深い味わいで、脂の甘さはブリ属中トップクラスであるが、同時にさっぱり感もあって、しっかり血抜きすれば持ちもよく、熟成させるとさらに絶妙な味わいとなる高級魚なのだ。

ブリとの外観の違いは、上あごの末端がブリと比べて丸い形状で、ブリが体側の黄色いラインの下に胸ビレがあることに対し、ヒラマサは黄色い線とヒレが重なるように付いている。ヒラマサのほうが腹ビレが大きく、黄色がかっているなど、文字にすると各部位の違いは微妙な印象であるが、並べてみるとそのディテールは明らかに違うのだ。

カウンターにヒラスのカマ塩焼きとご飯、味噌汁が並んだ。

ヒラスのカマ塩焼きは胸びれの部位でしっかり身も付きキュッと締まっていたが、箸を立てるとホロリと身がほぐれる。ひとくちいただくと、なんだろう、この揚げたような香ばしさと奥深い甘さ。

そうか、これはローストチキンの食感ではないか。回転式のオーブンでじっくりと焼かれたアレに似ている。この味は他のブリ属では味わうことができない繊細にして濃厚なものだ。よもやトンネルの中でこのような逸品に出合うとは。

惜しまれるのはこの素晴らしき秘密の穴蔵、四軒目食堂が2019年をもって閉店してしまったことである。

明けて翌日の早朝。ボクは『させぼ五番街』に至り、高い天井を鉄骨が支える『佐世保朝市市場』にて寒さに震えていた。これからいわゆる〝佐世保の朝市〟を存分に楽しむのである。

それにしても寒い。なにしろ朝の5時である。それでもボクはまだ遅いほうでここは朝3時からオープンしているのだ。市場には鮮魚に干物、野菜に果物に生花、衣料品やお菓子に陶器や日用品諸々が並び、すでにその活気は高まっていた。

昨今、この市場と周囲には様々な食堂がオープンしたが、ボクがはじめてここを訪れた2001年にはそのような店舗はあまり見られず、場内ではまかない的な食堂が数軒営業していた程度である。

単純にテーブルとLPガスのコンロだけが置いてある定食屋さん、いなり寿司や角寿司を並べたおにぎり屋さんに、わりとしっかりとしたパーテーションのような風よけを建てて、うどんを専門に扱うお店などなど、あまり巷ではみられない個性豊かなお店が並んでおり、どちらも興味をそそるものだった。

なかでもボクが張り付いて離れなかったのが、リヤカーでその一式を引き、焼きガキを売っていたおばあちゃんである。リヤカーはカキなどの食材で満たされていたので、カキを焼くグリルは一斗缶に炭を入れ、その上に焼き網が乗っているというシンプルなものであった。この簡素なグリルで焼いたカキがこれまた絶品であった。

カキはいわゆる養殖物のマガキであったが、なにしろ火元は炭でカキは生食用だったので、これがまずいわけがない。

値札が特に出てなかったので、おばあちゃんに「いくら?」と尋ねたら、「安かけん、どんだけ食べても大丈夫ばい」とのお返事。

まぁ大丈夫だろうと安心して、おばあちゃんにカキをお願いすると、なんとスコップでゴロリとカキが焼き網に無造作に乗せられた。

「焼けたら食べてよかけんね」

おばあちゃんはそうおっしゃると、ボクに使い古しの軍手を渡すのだった。ボクはそれを鍋つかみの要領で指で摑んでカキを拾った。

熱々のカキをフーフーとやると、寒さのせいもあってまるで蒸気機関車のように湯気が立ち上る。先ずはカキから出ているその汁をジュッと吸い込む。これがもう凄まじくうまかった。海のミルクが熟成してホエイになってしまったかのようだ。

ボクは極端に猫舌なので、その身を激しく吹いて冷却して、貝殻を斜めにしてつるんと吸い込むと、アジジ！　まだまだ熱かったのだが、それでも蒸気機関車のように口を上にしてホーホーとやる。やっとのことで咀嚼を始めると嚙んだその途端、ジュワッと口いっぱいに広がる濃い味、クリーミーな世界。なんだこのうまさは。

こうなったらもう止められない。ボクは10個、いや15個は連続して食べたかもしれない。しまいにゃおばあちゃんがカキを放り投げるスコップをボクに渡していたくらいだ。

暫くしておなかが落ち着いたので冷静になり、いやはやしまった。食いすぎたなと後悔しつつ、おばあちゃんに会計をお願いすると、おばあちゃんは軍手をしたままの片手を出して指で5の数字を示すではないか。

「ででで？　ご、五千円も食っちゃったか〜？」と焦ったボク。しかしおばあちゃんは、「500円置いていってくれんね」と耳を疑うお言葉。今でもこのシーンを思い出すたびに、いやはや申し訳なかったと自省しつつ、その気持ちと同じくらい心がホッコリする。あのおばあちゃんはご健在だろうか。

さて、脆弱だった冬の太陽がその輝きを増した頃、ボクは愛車にて海原が眩しい、有明海に面した国道207号へと至る。佐賀県太良町《たらちょう》にやってきた。

無造作に愛車を滑り込ませたのは、香ばしき煙たなびく漁師の番小屋風の建物であった。カキ、ヒオウギガイ、ワタリガニなどがイケスで飼われている。

有明海を望む太良には、渚に沿ってカキ焼き小屋が十数軒並び、その様相から『たらカキ焼海道』と称されている。週末には車が渋滞の列を成すほどの盛況ぶりだという。そんなカキ焼き小屋の老舗がここ『園』である。

軍手をはめてカキをテーブルを兼ねたグリルの炭火の上に並べ、ジュウ〜ッと噴いたらトングで小皿に取って、備え付けのクギで貝をこじ開けていただくのがここの流儀であるらしいが、すでに佐世保のおばあちゃんが教育してくれたのでお手の物である。はふぅ〜はふぅ〜とやって、ズズズ〜と、熱いのを我慢して吸い込むようにいただく。

これも修業済みであるが、プリプリの焼きたてのカキはかくもたまらないものである。これが本当に、甘く奥深く、クリーミーでまろやかで、止められない。

カキはカキ小屋によって取り扱いが様々で、有明海産だけでも天然物、養殖物、そして汽水で捕れる川ガキとあり、それぞれ味が異なるとのことで、カキを吟味していると、「こんワタリガニは竹崎カニといって、ココでしか食べられん逸品ばい」と、竹崎かに園の元気なおばちゃんに大振りなワタリガニを勧められた。太良町の竹崎地区近海で獲れるワタリガニは『竹崎カニ』と呼ばれて珍重されているのだ。これはもう、焼いて食するしかない。

早速その竹崎カニをアルミホイルで包んで炭火に置き、暫く待機。炭火がじっくりと焼き上げると、やがてジュウジュウとカニ汁が噴き上がりいい香りが漂い始める。アルミホイルをめくると、そこには真っ赤に染まった竹崎ガニが！

ソレをほぐしてクギでチコチコやると、さらにプンと濃厚な香りが漂い始め、殻を持ってズズッと口で吸ったらもうその場でノックアウトであった。トロリとして旨みが強烈に強く、身はほくほくとして濃厚なり。大満足の冬の午後であった。

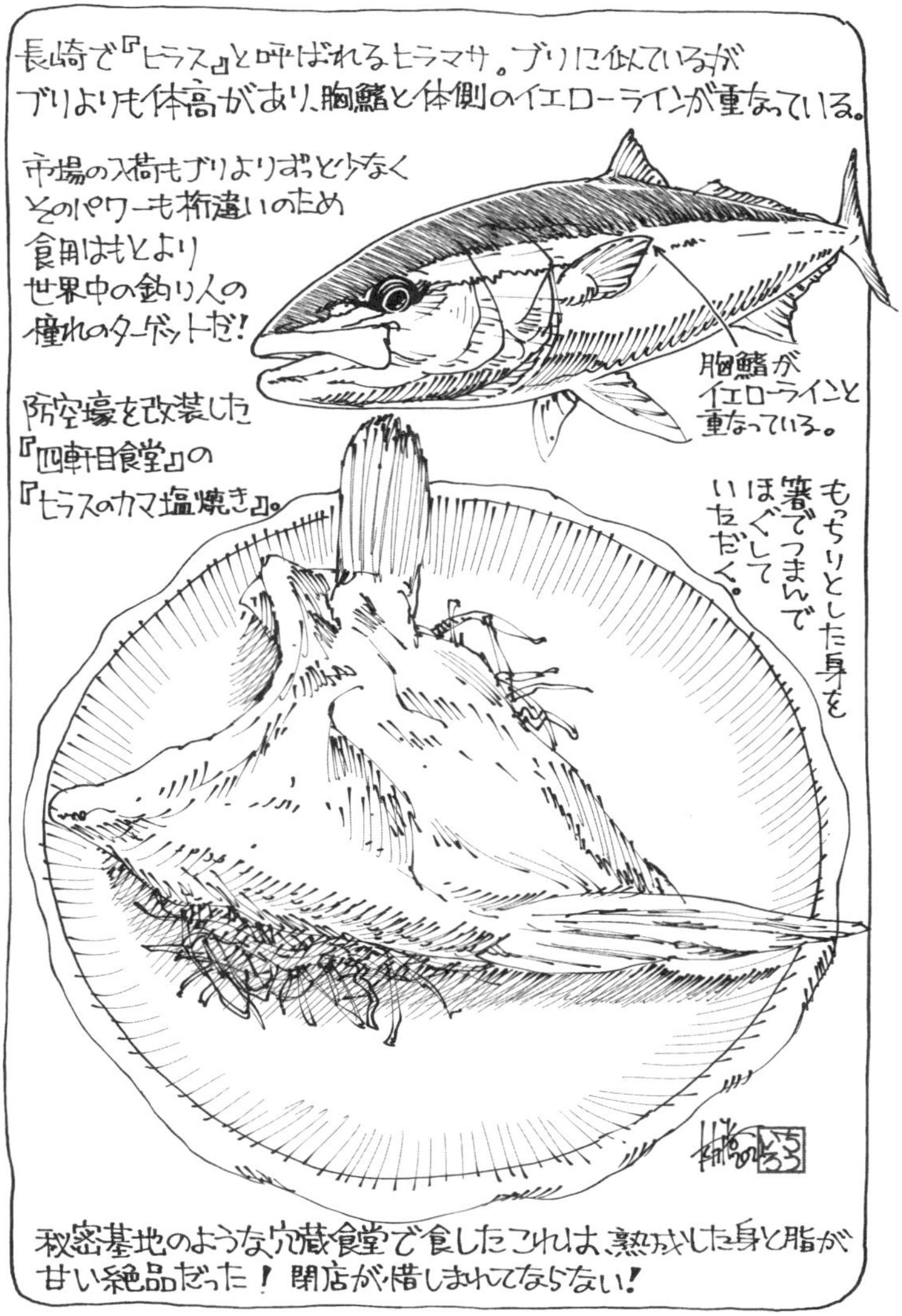
長崎で『ヒラス』と呼ばれるヒラマサ。ブリに似ているが
ブリよりも体高があり、胸鰭と体側のイエローラインが重なっている。
市場の入荷もブリよりずっと少なく
そのパワーも桁違いのため
食用はもとより
世界中の釣り人の
憧れのターゲットだ！
胸鰭が
イエローラインと
重なっている。
防空壕を改装した
『四軒目食堂』の
『ヒラスのカマ塩焼き』。
もっちりとした身を
箸でつまんで
ほぐして
いただく。
秘密基地のような穴蔵食堂で食したこれは、熟成した身と脂が
甘い絶品だった！閉店が惜しまれてならない！

宮古島で煮モズクに驚き、波照間島でカツオのハラゴの塩焼きにうっとり

沖縄県・宮古島市、竹富町

太平洋と東シナ海に洗われる、宝石のような珊瑚礁群に囲まれた宮古群島の主島、宮古島は南海の天国である。

島の周囲は約133・5㎞。総面積は約158・9㎢と、琉球諸島では石垣島に次いで4番目に大きい島で、中心地である平良《ひらら》市は都会然とした佇まいを見せるが、燃えるような赤い花を咲かせるハイビスカスの街路樹、台風対策のために、ガッシリと丈夫に作られたスクエアなデザインの建物。そして突風で飛ばぬように、フラットな壁にペインティングが施された看板などが、特有の情緒を漂わせている。

昨今国内外を問わず観光客で賑わい、ますますの近代化を見せるこの島であるが、そんな急激な変化とはかけ離れ、古くより変わらないものも多く残されている。

それは少し路地を進んだ先にある漆喰屋根の古屋だったり、未だ木造の船体にサメの油を塗って防水する漁師の小舟、サバニだったり、おばあが大切にしている黒檀の三線《さんしん》だったりするのだが、神に仕えるシャーマン〝ユタ〟や神様が下りてくる場所〝ウタキ〟に代表

される独特の信仰もそのひとつで、実際ボクはそれにまつわる事象でちょっとスピリチュアルな体験をしたことがあるのだ。

ボクは宮古島へは釣りでよく訪れていた。ボートで沖に出てナブラ、つまり湧くように集まっている小魚の群れを探したり、珊瑚の切れ目を狙ったりして、ジャイアントトレバリーという巨大なヒラアジをこれまた巨大なルアーで狙うのだが、宮古島は夏至南風に代表されるような季節風の影響を強く受ける島で、風が強くて船が出せない日も多いのである。

風が強くて釣りにならない日には、決まって島内探検を気取って、いろいろなところに出かけては写真を撮影して楽しんでいた。ある風の強い日にたまたま撮影した場所があったのだが、現像してビックリであった。そのある場所を撮影したショットだけ真っ黒くつぶれてしまって、光のようなものが飛び交った画像となっていたのだ。

「あ、ここはウタキさぁ。こういうところたくさんあるから、この島では畑の中とか森のなかで勝手にオシッコとかしちゃダメだよ」

釣りでお世話になっていたボートサービスの社長が、そう言って宮古島のウタキやユタ、奇祭のことを教えてくれたのだが、いやはや、この島はウタキだらけで、神の島だったのだなと、そのときはじめて悟ったのであった。

島の土壌となっている、砕けた珊瑚のような琉球石灰岩は、アルカリ質を多く含むので、他の琉球諸島では忌み嫌われる毒蛇、ハブが宮古島には棲息していないのである。

あの忌まわしき毒蛇がまったくいないということで、ボクは安心してガサガサと藪に押し入り、ここぞと思う撮影ポイントを探したり、ときには愛くるしいキノボリトカゲを捕まえて喜んだりしていたのだが、そのウタキ事件以来、勝手に森に分け入らないようにしている。神の島、宮古島には至る所に神様がいらしゃるので、たまに遊ばせていただいている外の人間が失礼をしでかさないように。

信仰もそうであるように、この島の多くの人を支えている食文化もまた変わらないもののひとつだろう。ボクは島の人たちの普段使いの食堂が大好きで、よく訪れる。

かつてはほぼワンコイン、500円であれこれおなかいっぱいに食事ができたのだが、さすがに現在ではワンコイン＋αを用意したい。

平良湾から与那覇湾方面に向かって進んだところにある『福屋』もそのひとつで、ボクはこのお店の『魚フライ』が大好物である。

名物が『カツカレーそば』となるここ福屋は決して魚介系の食堂ではないが、こちらで暑い日にいただく魚フライはスタミナの元になるような気がして箸が進むのである。

ご飯とミニソーキ蕎麦がついて超お値頃の魚フライは、結構硬めに仕上げられた衣で、カリッとした食感。中は熱々ジューシーふわふわの白身魚である。

普通のとんかつソース、醤油もマッチするが、やっぱり濃厚なタルタルソースを絡めてカリッとやるのが一番である。アイスティー、コーヒーなどのソフトドリンクを常時セルフサービスでいただけるのもありがたい。

宮古島の魚レシピに拘るなら、平良港より少し平良の街中に入った西里地区にある『ぽうちゃ　たつや』もオススメである。こちらは小洒落た居酒屋で、魚料理にとても精通しているのだ。マスターは宮古島の方であるが、共にお店を支えている奥様は、なんとボクと同郷の川崎市出身の方である。

ボクはこちらにお邪魔した際、必ず『グルクンの開き』に『グルクン唐揚げ』、『クブシメ(コブシメ)』、『カツオの酒盗』、『マグロのさしみ』などをいただいているが、いい魚が入っていればシビマグロ、スマガツオ、カジキなども食べさせてもらえる。

中心地である平良も多くのお店が軒を連ねているが、少し郊外に足を延ばすのも面白い。島の中央部にはサトウキビ畑が目立つが、国道から少し外れると、琉球スギやマツがそそり立ち、アダンやバナナなどが彩りを見せる景観に出合える。

表情豊かな海岸線は、サーフあり、ロックありで、風渡る海原を望めば、絵の具の洪水のような、溢れんばかりのエメラルドグリーンの世界と出合うこともできる。ビーチからエントリーして、水族館のような海中を覗くのも格別なのだ。

是非立ち寄っていただきたいのが、平良を背に池間島方面に向かった狩俣地区の『すむばり』である。ボクはこのお店の名前を冠した『すむばり丼』が大好きで、宮古島に来た際には必ず食べる。

熱々ご飯のどんぶりには煮込まれたモズク、よく煮込んだ柔らかな『シマダコ』と温泉卵が乗せられており、トロトロねばねば。煮モズクは凄く珍しいトッピングだと思う。実際ボクもここでしか食べたことがないのだ。

トロトロづくしで食感も優しいが、シマダコがなかなかの主張をしており、味も濃いめでパンチも効いている。シマダコが柔らかに仕上げられており、嚙むほどに甘く口の中に広がってたまらない。食材の〝うまい〟という表現が〝甘い〟からきていると聞いたことがあるが、このお店のタコは、そんなことを直に感じさせてくれる。なお、汁がタップリ染みて、卵と島タコがどっさりと盛られた『タコ丼』もオススメである。

さて、所変わって先島諸島繋がりとなる日本最南端の有人島である波照間島。

ボクがはじめてこの島を訪れたのは、今から22年前の1999年。1月のことである。残念ながら現在廃止されてしまった航空便が当時はまだ就航しており、YS11よりもずっと小型の機体、カナダのデ・ハビランドDHC-6にての空の旅は、瑠璃色に輝くシャロー（浅瀬）の珊瑚礁が手に取るようにわかり、なかなか楽しい飛行だった。

ダイビングと釣りをこよなく愛する友人から紹介してもらった、この島の宿『石野荘』のご主人、石野さんが波照間空港に迎えに来てくださり、ボクらは宿へ。

石野さんは立派なシャフト船の釣り船を所有しており、ダイビングガイドの他、ジャイアントトレバリー（ロウニンアジ）やワフー（オキサワラ）などの怪物魚を釣らせてくれるとあって、ボクは巨大魚を目当てにここを訪ねた次第である。

「100kg近くなったトカキン（イソマグロ）はさぁ、皮が硬くて銛をバチンと弾くんよ。まるで戦車ね！」

銛漁も得意という石野さんとの晩酌は本当に面白く、その武勇伝はなかなかだ。

明けて翌日。突風と異常低温注意報。八重山列島でも冬のいち時期は10度を下回ることがあり、この日釣りは無理ということで、石野さんからお借りした軽トラでゆるゆると島内散策へ向かった。しかしよくよく強風に当たることがあるものだ。

軽トラで海を見に行こうと思い、北西方向へ進むと扉を中央に配置してその両脇に窓をシンメトリーに構え、どこか人の顔のような造りの建物を発見。とても面白かったので、写真に収めようと近づくと『パナヌファ』と書かれたカフェだった。

お店の中にはドラムセットやギター、ミキサーなどが置かれており、「ライブもやるのだな」と、ひと目でわかった。どこか楽しそうな空気に満ちており、朴訥なマスターも素敵だ。カレーやサンドイッチなどのメニューがあって比較的軽いものが多かったので、魚はありませんかと尋ねると、「カツオのハラゴならありますよ。塩で焼くとうまいんです」とのこと。それをお願いした。

〝ハラゴ〟とはサカナのお腹の下側の部位で、わかりやすくいうならトロにあたる部分である。九州、沖縄地方ではV字状に切り分けられたハラゴをよく食べる。脂が乗っていて本当に美味な部位である。ちなみに、北へ行くと〝ハラス〟という。所変われば呼び方が微妙に違って面白い。

焼かれたハラゴは脂がしみ出て、実にうまそうである。ご飯と沖縄蕎麦のつゆに似たスープ、サラダも付けてくれたので、定食として完璧である。早速箸をつけると、ハラゴは柔らかく皮を破って脂が滲んだその身をさらけ出した。

熱々のそれを口に運ぶとプンと香る焼けた脂の香り。まずひと噛み。実に柔らかくも甘く、ウットリ。塩加減もちょうどいい。ガツガツとご飯が進んで、あっという間にたいらげてしまった。

コーヒーをいただきマスターと少しおしゃべりしてお店を後に。その際に、「明日も来ますよ」とマスターに告げると、「あ〜、明日はやらないかもねぇ〜」とのこと。やらない、つまり定休なのだが、〝かもね〟と、どっちつかずなところが南の島テイストで、ボクはちょっと噴き出してしまった。

ちなみにこちらのお店は現在『あやふふぁみ』と店名を変更したそうだ。

パナヌファを後にボクは、深いブルーに彩られた日本最南端の浜、ペムチ浜を眺め、当時は日本最南端の灯台だった波照間島灯台などをゆっくりとドライブした。

やがて牛や山羊、鶏が放たれている小さな平地に行き着くと鶏の卵を集めていたおばあちゃんがいらして、そのお姿がとても絵になったので、「おばぁ、いいにわとりねぇ、一緒に写真撮ってもいい？」と、撮影をお願いした。

なんでもかんでもコンプライアンス漬けになった昨今。他人様の撮影は御法度行為となってしまったが、かつてはこんな語りで疑われることもなく、写真撮影の快諾をいただけたさらに、ある書籍のグラビアを飾った。

ものだった。

「いいよ～美人に撮ってねぇ」

おばあはそう言って、卵をどっさり入れた籠を持ってニッコリと微笑んでくれた。さらに、

「卵、むっちいけ」と、卵までくださったのだ。

ほろりとした一期一会だったがその写真はその後、ある書籍のグラビアを飾った。

「なんくるないさぁ」

と、親しみを覚える表情で、ボクの心に優しく語りかけるおばあの写真を見つめると、

本当になんとかなると思え、勇気が湧いてくるから不思議なものである。

おばあがにっこりと微笑む写像は、ボクの大切な宝物として、南西の窓際、波照間島の方向に飾られ、今もボクを見つめている。

とにかく足が長いシマダコは沖縄県の主要食物のひとつ。マダコのようにゆでても硬くならない。

干潮の潮だまりで『ンヌジグヮーユーベー』という針を用いない伝統釣法を楽しむ人も多い。

イモ貝が紐に付いているだけの『ンヌジグヮーユーベー』。

煮モズクが珍しい『すむばり』の『すむばり丼』。

柔らかなタコ、温泉卵、煮モズクの組み合わせは他にないトロトロ甘々の世界！シマダコの出汁がしみた熱々ご飯はたまらない！

エピローグ
日本の食文化〝おサカナ〟よ永遠に！

魚食は文化である。

日本各地には実に様々なおサカナの召し上がり方があり、その起こりのどれもが実は必要に迫られてのことなのだ。

たとえば皆様よくご存じの干物は保存を前提に始めたもの。そして当時はおそらく合理的な手間でしかなかったのだと思う。

時を経て、それをどうやってうまく食べるかという行為が始まるのだ。どのおサカナがどの時期に適しているのか？　お天道様にじりじりと照らすのか、それとも風に晒すのか、どの塩をどれだけどの部位に使うのか？

そのような試行錯誤からやがて漬けや発酵という究極の保存条件に至ったのだろう。

北海道のニシン漬、富山のかぶらずし、小浜の鯖のへしこ、伊豆諸島のくさやなどが特に有名であるが、この漬けや発酵の技術が、魚醤やしょっつるという醤油に発展していったことは広く知られていることである。

だからしてこれを文化と言わずになんと言おう。おサカナを食べるとEPA（エイコサペンタエン酸）という脂肪酸の効果でアタマが良くなるというが、昔の人もそれに倣っておサカナを食べれば食べるほど、アタマが良くなってさらなるレシピの工夫に取り組んだに違いない。

アタマが良くなるとその工夫で暮らしも良くなって、今度は趣味嗜好という絶妙な世界に突入してしまった我々日本人。食味や食感をちょっとでも高めようと、日夜研究し出すのである。それは微妙なズレだったり僅かな差でしかなかったりするのだが、その少しの違いの積み重ねが、絶妙な美食を育んできた。

プロローグで記したサバについては、ある友人に「東京湾のものより某地方のものの方がうまい」と詰められて、さらに各地の加工や調理もろもろの件に話が飛び、激高して口論になったことさえあるのだ。まるで馬鹿みたいな話なのだが、いち魚種にかぎってもこれなので、いやはや、この日本各地の港で、古よりうんざりするほどの論争が繰り広げられてきたのは、火を見るよりも明らかである。

でもそれがのちのちのハッピーに繋がったのだからよしとしよう。食卓を囲んでおいしいおサカナをいただけば、すべて丸く収まるのだ。

しかし、おサカナをいただくために、随分といろいろなところに出かけたものである。この書に記したものはそのほんの一部となってしまった。ページには限界があって漏れてしまったことが至極残念である。

北海道でいただいたクチグロマス（サクラマス）やシロザケのルイベ、タコザンギにカジカ鍋、究極だったコマイの一夜干し。青森のトゲクリガニ、気仙沼で食べたアイナメの味噌焼きは側に赤味噌、ワタに白味噌でそのうまさにぶっ飛んだ。

千葉のバカ貝のなめろうに、地元神奈川の走水《はしりみず》のアジ刺しと煮アナゴは天下一だ。常滑ではガシラの煮付けに驚き、岡山の煮シャコにベイカの酢味噌、鳴門ではわかめ料理とマダイのお造りに脳が溶けそうになり、別府でいただいたヒラマサのお造りは未だ夢に見る。

奄美大島では川のテナガエビをいただき、駄菓子屋で100円で売っていたオナガの天ぷらは段ボールの上に並べられていたが、とてもおいしくて本当に参った。

このまま書き続けるときりがないのでここまでにするが、四面を海に囲まれた日本の漁港と食堂は、豊かな魚種とレシピに溢れてまるで夢の世界のようである。

できることならこの夢の世界がいつまでも続いてほしいと願いつつ、なかには高齢化などでやむを得ず店を閉めてしまう御方もおられるので、どうか今こそ、この夢の世界、漁港食堂に飛び込んでその素晴らしい味を堪能し、数々の地魚定食を写真とハートに残していただければと願うばかりである。

明日はどの漁港でハートを満たそうかとワクワクしつつ、川崎の自宅にて。

うぬまいちろう

2021年3月吉日

うぬまいちろう

イラストレーター

1964年生まれ。神奈川県川崎市出身。音楽出版社勤務を経てイラストレーターとして独立。広告、雑誌などで人物、動物、乗り物などを中心に描くかたわら、イラストルポやイラスト紀行などにも守備範囲を広げる。趣味の釣りが高じて、釣り関係の書籍を6冊執筆するほか、釣り専門チャンネル『釣りビジョン』が主催する管理釣り場トーナメント番組『トラウトキング選手権大会』のMCとしても活躍中。釣り糸メーカー『サンヨーナイロン』のラインアンバサダーでもある。また、アウトドアライフやカーライフへの造詣も深く専門誌への寄稿も積極的に行っており、MotorMagazine誌の『クルマでゆるゆる日本回遊記』は16年も続く長期連載となっている。近著に『漁港食堂』(オークラ出版)、『東京湾ぷかぷか探検隊』(共著/潮文庫)がある。

日本全国地魚定食紀行

ひとり密かに焼きアナゴ、キンメの煮付け、サクラエビのかき揚げ…

第1刷　2021年3月31日

著者/うぬまいちろう

発行人　小宮英行

発行所　株式会社徳間書店

〒141-8202　東京都品川区上大崎3-1-1 目黒セントラルスクエア

電話　編集03-5403-4344/販売049-293-5521

振替　00140-0-44392

印刷・製本　大日本印刷株式会社

ISBN978-4-19-865260-9